U0054114

如何創造影響力

Reinventing
INFLUENCE

How to get things done
in a world
without authority

原著：Mary Bragg

譯者：黃家齊

校閱者：連雅慧

弘智文化事業有限公司

Mary Bragg

Reinventing
Influence
How to get things done

in a world without authority

©Pearson Professional Limited 1996

First published in Great Britain

The right of Mary Bragg to be identified as author of
this work has been asserted by her in accordance
with the Copyright, Designs and Patents Act 1988.

Chinese edition copyright ©2001

By Hurng -Chih Book Co.,Ltd..

For sales in Worldwide.

ISBN   957-0453-21-4

Printed in Taiwan, Republic of China

序

　　如果你的下屬不願意接受軍隊式的命令；如果你突然發現，你無法運用職權來管理由跨國專家組成的團隊；如果你要向一個討厭數字的老闆推薦一個必須用數字來解釋的提案，面臨上述這些情況時你會如何處理？在現代的職場中，這些情況日益常見。

　　世界正經歷著一個也許是有史以來最大的商業革命。無論是公營或民營企業，服務業或製造業，經理人被迫要重新思考長久以來他們所依循的管理法則。舊法則不再適用，舊式的官僚體制、命令和控制的系統也已經過時，這些曾經引領四分之一世紀的方法和制度，現在已經成為組織「歷史」的過往雲煙。

　　我們絕不是說，過去的組織結構和系統在它們的時代中沒有價值，事實絕非如此。但今日的商業社會已經失去了秩序和穩定性，今日的員工對於獨裁的官僚體制已有不同的看法，加上今日的企業對員工的生活不再有保障。全球性的競爭不斷提升，對於創新的持續追求，再加上經營方式快速且不可預料的改變，都一一印證了組織結構的變遷。

　　過去的制度和程序以冗長、數字導向的報告限制了經理人的成長，並且所有的報告在組織中須不斷地重複檢討。但事物變化得如此迅速，這種重覆分析可能面臨的危機是——當報告終於到達執行長的辦公桌時，它已經過時了。

　　新秩序使我們不必過份擔心資料與損益表，而應將

注意力轉向洞察力、價值觀、網路、協商、展現自我、及溝通等軟性技能。也就是說，在這個動盪不安的混亂世界中，要與別人共事來達成目的所需要的技能。

可笑的是，在當前科技導向的時代，反而鼓勵我們重新去審視那些舊式、促使公司創立者成功的想法與理念。系統、程序、及人力資源管理計畫的匱乏，並不會妨礙這些創業者的成就。他們不需要這些，他們憑直覺就知道如何與別人合作，知道如何建立網路、交換利益、跟顧客閒聊、在咖啡廳進行財務洽商、以及求助於更高的職權。我們商業上的前輩所充份利用的那些人際關係及社交技能，正是現代經理人為了啟動自己所擁有的職權資源，所需要重建的技能。

我們所面對的環境跟前輩們相比，最大的差異是，我們需要運用影響力的範圍更大了，換句話說，在現今的社會中互相依賴的程度更高了。與19世紀末相比，現代的商業社會不只公司的數量大幅增加，員工的人數也提高了。此外，19世紀的商業，地域的範圍也比現在小很多──通訊及運輸系統的限制，使消費者及供應商同時都受到地理範圍的侷限。

世界已經改變了，觸目可及的現象包括：市場全球化；產品及服務的傳遞系統已經成熟到可以推動大眾流行；通訊系統的便利促進了全世界同步化的節奏；工廠分散安置在成本低廉的地區；以及舊式金字塔的垂直管理系統已經瓦解。這意味著，身為經理人的你，可能要

依賴成千上百的人才能完成工作。你不但必須跟數量驚人的商業伙伴互動，甚至可能在互動中無法運用任何職權。

這些變動，使得與陌生人建立有效並具影響力的關係之能力，變得十分重要。史蒂芬·史匹格的電影——《外星人》(ET)提供了一個很好的比喻：理性的科學家帶著他們的科學分析器材，出其不意的拜訪ET，結果差點造成ET的死亡。相反的，孩子們以情感打動了ET，收到了超出他們想像的回報。這個比喻告訴我們，所有人都會被能打動他們情感的人所影響。

東尼·歐瑞利（Tony O'Reilly）在成為美國亨氏（Heinz）蕃茄醬公司高層領導人的短暫事業成就之前，一直在愛爾蘭的業餘橄欖球賽中展現他卓越的技術，甚至幾乎晉級到英國獅隊（British Lions）。另一項他總是被提到的重要技能是：他可以立刻跟任何人建立起關係——從不起眼的愛爾蘭農夫、南非橄欖球老將，到世界各國的總統或重要官員，他可以與任何人合作並且影響他們。難怪基辛格稱他為「文藝復興者」，用以表達對他能創造影響力的高度評價。

所有在本書中提到的頂尖人物，都擁有影響別人來完成特定領域內某些活動的能力。其過程可能像是鮑伯·格爾道夫（Bob Geldof）動員全世界的演藝人員一同參與「援助樂團」（Band Aid）；也可能像是尼爾遜·曼德拉（Nelson Mandela，南非領袖），在1995年

的世界盃橄欖球賽中，穿著南非隊服表達對白人隊長數量過多的抗議，以如此簡單的行動將全國人心結合在一起。或像約翰·史卡利（John Sculley）將他深具遠見的雄心引進蘋果電腦。在這些不同的行動下，每個例子中的人物都是新時代運用影響力的大師。

由於科技的進展，管理階層就像坐雲霄飛車一樣，必須學習如何在危險邊緣運用管理的藝術。旋轉木馬較安全而且可以預期，可惜的是，現在已經沒有這種選擇了。因此，一起加入這場全球管理學上的大革命吧！！

我們所面對的挑戰，不是心臟衰弱的人可以承擔的：面對挑戰需要勇氣及編織夢想的能力。經理人要跳脫在同儕及上司當中傳紙條的窠臼，以及不用面對面開會便可以處理工作的細節。要有效率，經理人就必須放棄職權，必須重新探索別人及運用影響力去達成目的。

以雲霄飛車前進

當你在雲霄飛車上加速前進時，你可以將那些利用分析方法及商業理論來協助一般經理人成功的管理原則拋諸腦後。你現在必須專注於重新探索自己與別人。

在第一章，你會遇到的第一個挑戰是，思考在現代組織中，影響力技能為什麼會成為經理人所需要的核心技能。請抓緊扶手，這部分會帶你從高處急轉直下。

我們的雲霄飛車將引導你到一個全新的領域——包括六個影響力的心理法則，以及如何應用它們來活化組織生活中的七種權力槓桿。知識就是力量。當你越能瞭解在影響別人時，心理機制會如何運作，你便越容易成功。

隨後的加速可能會引發情緒困擾——在這段路程中完全沒有任何單純的數據或理性的討論。你可以應付嗎？

第二章要你注意的是，在有效影響別人之前，必須先瞭解自己。對於想成功影響別人以便妥善完成目標而言，信念、價值觀及假設都有顯著的影響。本章強調的是，要有意識地管理這些東西，控制好對於你要影響的對象你所投射的形象。這個速度會不會太快了？

完成工作越來越需要互相依賴，這意味著你必須學習正確地指認你要影響的對象。這可不容易，但卻是避免從雲霄飛車上摔下來的必備技能——第四章會教你如何做到。

所有的過程都必然會學到許多關於文化、英雄、神話、傳說、儀式、特殊習俗以及網路的事情，我們的雲霄飛車之旅也不例外。我們也必須探索非公開、非正式的文化與網路，是它們將現今這種扁平化結構且互相依賴的組織結為一體。同時，我們也必須找出哪些影響行為為人們所接受。

　　每個旅程都有目的地。在第六章，我們的旅程探討影響力的策略——硬性策略是否比軟性策略有效？本章不僅證實了軟性策略是較佳的選擇，同時也一口氣談到八種影響力的戰術性武器。畢竟，除非你瞭解實際的戰術，否則空有理論性策略是毫無用處的。

　　第七章重新回顧我們一起經歷如何創造影響力的雲霄飛車之旅。跟其他章節一樣重要，本章藉著檢視如何將我們在旅程中出現過的想法應用到實際生活上，使你能武裝起來準備面對你自己的刺激之旅。

你並不孤單

　　在這趟雲霄飛車的旅程中，你會看到前面坐了許多一流的高手。他們全都生氣勃勃並且充滿興致。他們來自廣泛多樣的背景，從財經到橄欖球、政治到生產、藝術到航空，而且遍及全球。他們的名單如下：

傑克・威爾希（Jack Welch）：

通用電子（全世界最大的公司之一）總裁及執行長，他正嘗試將這個歷史悠久的巨人轉型成一個全然建基於網路的組織。

約翰・史卡利（John Sculley）：

他曾先後在百事可樂和蘋果電腦擔任總裁及執行長。

約翰・德洛倫（John DeLorean）：

通用汽車年輕躁進的主管，後來領導過龐蒂雅克（Pontiac）、雪佛龍（Chevrolet）以及他自己在北愛爾蘭的德洛倫（DeLorean）汽車公司。

魯柏特・梅鐸（Rupert Murdoch）：

全球傳媒巨人。

羅伯特・麥斯威爾（Robert Maxwell）：

從東歐移民中竄起、頗具爭議性的全球性傳媒大亨。

比爾・柯林頓（Bill Clinton）：

美國總統。

波瑞斯・葉爾辛（Boris Yeltsin）：

俄羅斯總統。

艾倫・蘇嘉（Alan Sugar）：

阿姆斯塔得（Amstrad）電腦公司及托騰漢熱刺（Tottenham Hotspur）足球會的總裁。

東尼・布萊爾（Tony Blair）：

曾任律師，現任英國工黨領袖[1]。

---

[1] 譯注：現任英國首相。

邁可·赫索泰（Michael Heseltine）：

雜誌出版商，英國副相。

勞倫斯·包希迪（Lawrence A. Bossidy）：

美國聯訊引擎公司（Allied Signal，航空系統、汽車零件、及化學等產品達一百三十億美元營業額的製造商）的總裁及執行長。

李察·布朗森（Richard Branson）：

舉世知名的維京（Virgin）帝國創辦者，觸角從音樂延伸到航空公司及金融。

瑪格麗特·柴契爾（Margaret Thatcher）：

前英國首相，近代最具影響力的女性之一。

安妮塔·羅迪克（Anita Roddick）：

美體小舖（Body Shop）的創辦人之一，任美體小舖執行長。

比爾·蓋茨（Bill Gates）：

微軟公司（Microsoft）的總裁及執行長。

史蒂文·喬布斯（Steve Jobs）：

蘋果電腦的創辦人之一，曾長期任總裁及技術總監。

凱文·麥肯錫（Kelvin MacKenzie）：

曾任英國最高銷售量的小報——太陽報（The Sun）總編輯。

提尼・羅蘭德（Tiny Rowland）：

極富有的商業投機客，曾任藍羅公司（Lonrho，跨國貿易公司）的總裁及執行長。

希拉蕊・柯林頓（Hillary Clinton）：

曾任美國律師，現任美國白宮第一夫人。

李察・古德溫（Richard Goodwin）：

莊氏萬維利公司（Johns-Manville，建築材料製造商）的前總裁及執行長。

東尼・柏利（Tony Berry）：

世界上最大的職業仲介公司——藍箭公司（Blue Arrow）前總裁。

亨利・基辛格（Henry Kissinger）：

甘乃迪總統的顧問，在尼克森第一段任期時任國家安全事務特別助理。

哈羅德・賈納恩（Harold Geneen）：

國際電話電報公司（ITT）前執行長。

詹姆士・韓遜（James Hanson）：

韓遜（Hanson）商業帝國的領袖。

羅斯・江森（Ross Johnson）：

那比斯高（Nabisco，跨國食品集團）的前執行長。

彼得・麥高立夫（Peter McClough）：

全錄（Xerox）公司的前執行長。

以及**羅拉**，我們每一章最後的個案研究中的女英雄。這個個案研究改編自一家以英國為根據地，但由美國擁有的公司中發生的真實故事，羅拉真有其人，在她的創造影響力之旅中，我正好與她共事。

我認識她時，她才剛從企管碩士的課程畢業，完全是以理智及分析主導的典型經理人——或許可以說，像管理碩士多於像企業碩士。雖然她毫無疑問是最出色及最生氣勃勃，但不懂得如何運用影響力而阻礙了她的事業進展。

羅拉可以啟蒙閱讀本書的經理人。雖然她經歷了很多錯誤、遭遇了許許多多的挫折，然而正是她不斷的自我反省、持續重覆學習，使她最後終於成為頂尖的影響者及主管。我極力推薦讀者以羅拉為榜樣。

現在讓我們開始吧。在你的雲霄飛車啟動前，向那些既不知道成功也不懂得失敗的怯弱而憂鬱的靈魂做最後的道別吧！在加速時，請繃緊你的神經——高興的

話，也可以大叫一番———但是一定要抓住你的堅持———
如果你能學會創造影響力的技能，這個世界將屬於你！

瑪莉・布萊格（Mary Bragg）

1996

關於本書作者

　　在開始接受由庫柏斯與里布蘭丹國際統計公司
（Coopers & Lybrand）在英國及國際間贊助的一系列
人力資源管理諮詢計畫前，瑪莉・布萊格服務於跨國的
葛蘭素威康（Glaxo-Wellcome）。她擁有組織行為的
碩士學位，目前是倫敦Guildhall大學商學院的首席講
師。身為一位自由身的管理顧問，她開了許多公司內部
及公開的「如何創造影響力」課程。想要取得更一進
步的資料可以寄到下列地址：

Mary Bragg, PO Box 10248, London Sw20 8ZF, UK.

致 謝

在研究及撰寫本書的過程中,我必須感謝那些對我有影響力的人,是他們促使我完成夢想,並且耽溺在「正確的自利」中。

首先要感謝我的丈夫、母親、及兄弟們。

我對羅拉有所虧欠,她從「組織中的隱士」轉變為影響力專家的過程,正是本書書名的靈感源頭。

同時,我也要感謝我的朋友及同事,尤金‧麥肯納(Eugene McKenna)教授,在我的研究上對我的鼓勵。

以及我的責任編輯維多利亞‧西多(Victoria Siddle),她對影響力之作用的啟發使《如何創造影響力》這本書得以完成。

譯 序

一個甫受完大學或研究所專業教育的新鮮人，初進入他所憧憬的企業組織中，懷抱著十八般武藝，充滿企圖心的規劃著如何在主管與同事面前展現自己的才能，但由於缺乏對於人際關係的敏感度，以及處理人際問題的必要技能，接踵而來的一連串非理性阻礙所造成的接連挫折，使得他遍體鱗傷，才驚覺企業中非正式組織的威力遠勝於正式組織。這樣的個案一再的重覆出現，不禁讓人疑惑，這樣的痛苦經歷可否避免？

長久以來，在正式的教育體制中，明顯的偏重在各專長領域的專業知識與技能的傳授，目的無非是希望所訓練的人才能夠以完整的專業技能，勝任他們所擔任的工作。這個現象不僅發生在管理相關科系，同時也發生在自然科學、人文科學以及其他社會科學領域。但身處由「人」所組成的企業組織中，想要在複雜的人際關係世界中存活，單憑專業知識訓練顯然不夠。

魯桑斯（*Luthans*）的研究早已指出，組織中升遷速度最快的經理人，平均而言有將近一半的時間在從事人際網路行為。而面臨現今變動的年代，傳統科層化的組織結構逐漸式微，朝向彈性化發展，強調成員間溝通協調，鼓勵團隊合作的組織設計方式取而代之，在這種新的組織型態中，非正式組織的重要性將愈加突顯，附著於正式組織結構的職權，已不再是組織成員發揮影響力的唯一來源，甚至不是最重要的來源。而如何培植、運用影響力，已成為企業組織成員的關鍵能力，本書的用

意正在於指導讀者如何培養此種關鍵能力。

本書整合社會心理學、領導理論、溝通理論、組織政治、組織行為等各種理論，探討在一個企業組織中如何藉由影響力的行使，促使工作順利完成，個人意志得以實現，貫穿全書的核心目的在於闡述如何培養運用影響力的能力，而非傳授影響力的相關知識。因此書中所呈現的一些重要概念，如「權力的七種機制」、「影響力的六項心理法則」、「自我評估」、「瞭解別人五階段程序與多項指標」、「診斷系統的工具」以及「執行影響力的八個戰術武器」等，大多是極具操作性的方法與技術，作者並藉由實例的說明，協助讀者於現實企業組織情境中的操作。再加上各章一開始即藉由自我評估題項協助讀者了解自我，末尾又藉概念測驗測試讀者對該章節概念與技能的了解程度，再加上生動的個案研究以及如何實踐此等概念與技能的方法，作者企圖藉著這些工具與方法，逐步的引領讀者進入人際影響力的殿堂，學習運用影響力的技能。不過俗話說，師父領進門，修行在個人，讀者在閱讀此書的同時，別忘了要實際演練操作，讓運用影響力成為一種生活與工作習慣，才能期望真正達到效果。

黃家齊　謹識

於東吳大學

民國八十九年十一月

企管系列叢書—主編的話

— 黃雲龍 —

　　弘智文化事業有限公司一直以出版優質的教科書與增長智慧的軟性書為其使命，並以心理諮商、企管、調查研究方法、及促進跨文化瞭解等領域的教科書與工具書為主，其中較為人熟知的，是由中央研究院調查工作室前主任章英華先生與前副主任齊力先生規劃翻譯的《應用性社會科學調查研究方法》系列叢書，以及《社會心理學》、《教學心理學》、《健康心理學》、《組織變格心理學》、《生涯咨商》、《追求未來與過去》等心理諮商叢書。

　　弘智出版社的出版品以翻譯為主，文字品質優良，字裡行間處處為讀者是否能順暢閱讀、是否能掌握內文真義而花費極大心力求其信雅達，相信採用過的老師教授應都有同感。

有鑑於此，加上有感於近年來全球企業競爭激烈，科技上進展迅速，我國又即將加入世界貿易組織，為了能在當前的環境下保持競爭優勢與持續繁榮，企業人才的培育與養成，實屬扎根的重要課題，因此本人與一群教授好友（簡介於下）樂於為該出版社規劃翻譯一套企管系列叢書，在知識傳播上略盡棉薄之力。

在選書方面，我們廣泛搜尋各國的優良書籍，包括歐洲、加拿大、印度，以博採各國的精華觀點，並不以美國書為主。在範圍方面，除了傳統的五管之外，為了加強學子的軟性技能，亦選了一些與企管極相關的軟性書籍，包括《如何創造影響力》《新白領階級》《平衡演出》，以及國際企業的相關書籍，都是極值得精讀的好書。目前已選取的書目如下所示（將陸續擴充，以涵蓋各校的選修課程）：

企業管理系列叢書

　　一、生產管理與作業管理類
　　　1.《生產與作業管理》
　　二、財務管理類
　　　2.《財務管理：理論與實務》
　　　3.《國際財務管理：理論與實務》
　　三、行銷管理類
　　　1.《行銷策略》
　　　2.《認識顧客：顧客價值與顧客滿意的新取向》
　　　3.《服務業的行銷與管理》

4.《服務管理：理論與實務》

5.《行銷量表》

四、人力資源管理類

1.《策略性人力資源管理》

2.《人力資源策略》

3.《全面品質管理與人力資源管理》

4.《新白領階級》

五、一般管理類

1.《管理概論：全面品質管理取向》

2.《如何創造影響力》

3.《平衡演出》

4.《國際企業與社會》

5.《策略管理》

6.《全面品質管理》

7.《組織行為管理》

六、國際企業管理類

1.《國際企業管理》

2.《國際企業與社會》

3.《全球化與企業實務》

　　我們認為一本好的教科書，不應只是專有名詞的堆積，作者也不應只是紙上談兵、欠缺實務經驗的花拳秀才，因此在選書方面，我們極為重視理論與實務的銜接，務使學子閱讀一章有一章的領悟，對實務現況有更深刻的體認及產生濃厚的興趣。以本系列叢書的《生產與作業

管理》一書爲例，該書爲英國五位頂尖教授精心之作，除了架構完整、邏輯綿密之外，全書並處處穿插圖例說明及140餘篇引人入勝的專欄故事，包括傢俱業巨擘IKEA、推動環保理念不遺力的BODY SHOP、俄羅斯眼科怪傑的手術奇觀、美國旅館業巨人 Formule1 的經營手法、全球運輸大王 TNT、荷蘭阿姆斯特丹花卉拍賣場的作業流程、世界著名的巧克力製造商 Godia、全歐洲最大的零售商 Aldi、德國窗戶製造商 Veka、英國路華汽車Rover的振興史，讀來極易使人對於生產與作業管理留下深刻印象及產生濃厚興趣。

我們希望教科書能像小說那般緊湊與充滿趣味性，也衷心感謝你(妳)的採用。任何意見，請不吝斧正。

我們的審稿委員謹簡介如下(按姓氏筆劃)：

尚榮安 助理教授
主修：國立台灣大學商學研究所 資訊管理博士
專長：資訊管理、策略管理、研究方法、組織理論
現職：東吳大學企業管理系助理教授
經歷：屏東科技大學資訊管理系助理教授、電算中心
　　　教學資訊組組長(1997-1999)

吳學良 博士
主修：英國伯明翰大學 商學博士
專長：產業政策、策略管理、科技管理、政府與企業
　　　等相關領域

現職：行政院經濟建設委員會，部門計劃處，技正
經歷：英國伯明翰大學，產業策略研究中心兼任研究
員(1995-1996)

行政院經濟建設委員會，薦任技士（1989-
1994）

工業技術研究院工業材料研究所， 副研究員
(1989)

林曾祥　　副教授

主修：國立清華大學工業工程與工程管理研究所 資
訊與作業研究博士
專長：統計學、作業研究、管理科學、績效評估、專
案管理、商業自動化
現職：國立中央警察大學資訊管理研究所副教授
經歷：國立屏東商業技術學院企業管理副教授兼科主
任(1994-1997)

國立雲林科技大學工業管理研究所兼任副教授
元智大學會計學系兼任副教授

林家五　　助理教授

主修：國立台灣大學商學研究所組 織行為與人力資
源管理博士
專長：組織行為、組織理論、組織變革與發展、人力
資源管理、消費者心理學
現職：國立東華大學企業管理學系助理教授

經歷：國立台灣大學工商心理學研究室研究員(1996-
1999)

侯嘉政　副教授

主修：國立台灣大學商學研究所 策略管理博士
現職：國立嘉義大學企業管理系副教授

高俊雄　副教授

主修：美國印第安那大學 博士
專長：企業管理、運動產業分析、休閒管理、服務業
管理
現職：國立體育學院體育管理系副教授、體育管理系
主任
經歷：國立體育學院主任秘書

孫　遜　助理教授

主修：澳洲新南威爾斯大學 作業研究博士 (1992-
1996)
專長：作業研究、生產/作業管理、行銷管理、物流
管理、工程經濟、統計學
現職：國防管理學院企管系暨後勤管理研究所助理教
授 (1998)
經歷：文化大學企管系兼任助理教授 (1999)
明新技術學院企管系兼任助理教授 (1998)
國防管理學院企管系講師 (1997 – 1998)

聯勤總部計劃署外事聯絡官（1996－1997）
聯勤總部計劃署系統分系官（1990－1992）
聯勤總部計劃署人力管理官（1988－1990）

黃正雄　博士

主修：國立台灣大學商學研究所　博士
專長：管理學、人力資源管理、策略管理、決策分
　　　析、組織行為學、組織文化與價值觀、全球
　　　化企業管理
現職：長庚大學工商管理系暨管理學研究所
經歷：台北科技大學與元智大學 EMBA 班授課
　　　法國興業銀行放款部經理及國內企業集團管
　　　理職位等

黃志典　副教授

主修：美國威斯康辛大學麥迪遜校區　經濟學博士
專長：國際金融、金融市場與機構、貨幣銀行
現職：國立台灣大學國際企業管理系副教授

黃家齊　助理教授

主修：國立台灣大學商學研究所　商學博士
專長：人力資源管理、組織理論、組織行為
現職：東吳大學企業管理系助理教授、副主任，東吳
　　　企管文教基金會執行長
經歷：東吳企管文教基金會副執行長(1999)

國立台灣大學工商管理系兼任講師
元智大學資訊管理系兼任講師
中原大學資訊管理系兼任講師

黃雲龍　助理教授

主修：國立台灣大學商學研究所 資訊管理博士

專長：資訊管理、人力資源管理、資訊檢索、虛擬組織、知識管理、電子商務

現職：國立體育學院體育管理系助理教授，兼任教務處註冊組、課務組主任

經歷：國立政治大學圖書資訊學研究所博士後研究（1997-1998）

景文技術學院資訊管理系助理教授、電子計算機中心主任(1998-1999)

台灣大學資訊管理學系兼任助理教授(1997-2000)

連雅慧　助理教授

主修：美國明尼蘇達大學人力資源發展博士

專長：組織發展、訓練發展、人力資源管理、組織學習、研究方法

現職：國立中正大學企業管理系助理教授

許碧芬　副教授

主修：國立台灣大學商學研究所 組織行為與人力資源管理博士

專長：組織行為/人力資源管理、組織理論、行銷管理

現職：靜宜大學企業管理系副教授

經歷：東海大學企業管理學系兼任副教授　（1996-2000）

陳勝源　副教授

主修：國立臺灣大學商學研究所 財務管理博士

專長：國際財務管理、投資學、選擇權理論與實務、期貨理論、金融機構與市場

現職：銘傳大學管理學院金融研究所副教授

經歷：銘傳管理學院金融研究所副教授兼研究發展室主任(1995-1996)

銘傳管理學院金融研究所副教授兼保險系主任(1994-1995)

國立中央大學財務管理系所兼任副教授(1994-1995)

世界新聞傳播學院傳播管理學系副教授(1993-1994)

國立臺灣大學財務金融學系兼任講師、副教授(1990-2000)

劉念琪　助理教授

主修：美國明尼蘇達大學人力資源發展博士

現職：國立中央大學人力資源管理研究所助理教授

謝棟梁　博士

主修：國立台灣大學商學研究所 資訊管理博士
專長：資訊管理、策略管理、財務管理、組織理論
現職：行政院經濟建設委員會
經歷：國立台灣大學資訊管理系兼任助理教授(1999-
　　　2001)
　　　文化大學企業管理系兼任助理教授
　　　證卷暨期貨發展基金會測驗中心主任
　　　中國石油公司資訊處軟體工程師
　　　農民銀行行員

謝智謀　助理教授

主修：美國Indiana University公園與遊憩管理學
　　　系休閒行為哲學博士
專長：休閒行為、休閒教育與諮商、統計學、研究方
　　　法、行銷管理
現職：國立體育學院體育管理學系助理教授、國際學
　　　術交流中心執行秘書
　　　中國文化大學觀光研究所兼任助理教授
經歷：Indiana University 老人與高齡化中心統計
　　　顧問
　　　Indiana University 體育健康休閒學院統計
　　　助理講師

目　錄

第四章　第二步：認清對象　129

第六章　第四步：決定策略和戰術　219

第一章

變動的世界

◆ 自我評估

◆ 經理人與影響力

◆ 影響力的必要性

◆ 總體環境的改變

◆ 對組織的涵義

◆ 本章概要

◆ 概念測驗

◆ 個案研究

◆ 摘要

◆ 實踐方法

　　本章闡述影響力與管理效能之間的關係，並且藉由二十世紀組織內部的變革，以及此等變革對經理人角色的本質所帶來的衝擊，來解釋影響力為何逐漸成為經理人的管理百寶箱中最重要的工具。

自我評估

你是否能有效地運用影響力？

　　透過回答下列問題，分析當你在工作中需要影響別人的決定時，會遭遇到的問題：

1.　列出所有跟你的工作直接相關的人以及合作的伙伴。

2.　列出在組織中有那些應該認識而且可能會有幫助的人。

3.　列出你工作中的主要任務。

4. 評估你花在下列工作上的時間比例：

(a) 建立關係

(b) 完成主要任務

(c) 參加正式會議

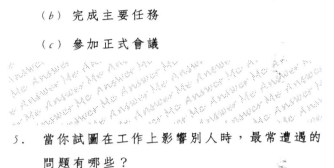

5. 當你試圖在工作上影響別人時，最常遭遇的問題有哪些？

進一步討論

最可能的答案是，你把大多數的時間花在完成任務以及參加正式會議上；而在那些會議中，你又習慣於依賴邏輯分析去說服別人接受你的計畫或認同你的建議。

你很少花時間與精力去跟與那些與你的工作直接相關的人建立關係，以及你沒有費神去認識那些在一般情況下不會與你直接接觸，但實際上對你的工作可能有所幫助的人。

你的提案為人接受之前，路途必然步步荊棘，稍不留神所有心血便可能付諸流水。以下是導致失敗的一些

原因：

◎ 無法成功地掌握你的聽眾；

◎ 誤以爲所有重要的決策者都與你有共同的目標；

◎ 忽略別人對提案的「情緒」反應；

◎ 忘了不論男性或女性都是「同樣」沒有理性的；

◎ 過份努力；

◎ 無法解讀別人顯示的線索；

◎ 低估了組織的政治生態。

總而言之，你完全忽略了影響力在現代組織生活中的力量與重要性。

經理人與影響力

影響力在諸多管理技能中是最重要、卻也是最容易被忽略的一環。任何經理人都會承認，完成任務並不代表成功，他們必須能透過人際關係與社交技能，根據不同的人、事以及決策的需要來引導別人的看法。這些社交技能包括了如何與人融洽相處、人事磋商、適應環境、了解其他人的動機和目標、展現自我與自我推銷等等。影響力對於管理工作的每個面向都有著決定性的力量。

多數人常有一種幻想，認爲經理人必須是深思熟慮的規劃者，這個謬誤在亨利・明茲伯格（Henry Mintzberg）的研究中被推翻。❶ 據研究顯示，大多數的經理人都喜歡避開正式報告，偶爾翻翻期刊，而平常最主要的工作便是處理郵件。賈巴羅（Gabarro）指出，許多經理人自誇，他們最主要的工作原則便是在最少的人事介入下，以最快的速度把手上的燙手山芋丟到別人手上。❷

正如明茲伯格的研究顯示，爲了讓自己擁有最新的訊息，大多數的經理人會從會議、電話以及他們信任的耳語中收集公司內外各種小道消息。❸ 他們習慣以服裝品味、口音、性別、年齡等特徵來評斷他們的同儕、下屬及上司；協議往往在走廊上達成；而無論是會議室中的正式會議或走廊上的私下會談，成功所依賴的是高度的人際關係和社會影響力。

自從明茲伯格開始研究管理工作的本質之後，許多經理人因爲他的研究，終於能接受自己不需要成爲一個完全理性、以思考邏輯爲主導的理想型經理人。明茲伯格也因此收到數以萬計的感激信函。以下便是一例：

> 我一直以為其他的經理人都忙於策劃、編制組織、協調整合、以及控制，獨獨我不斷被打擾、被迫去面對一連串接踵而來的問題和混亂。看了你的著作才令我豁然開朗。❹

在後來關於成功的高級主管之研究中，明茲伯格發現，他們偏好屬於直覺的洞察力遠勝於理性的分析。❺他們的成功建立在掌控曖昧模糊、矛盾、不諧調、以及混亂的能力，他們在著重人際關係及影響力的環境中如魚得水。相反的，那些熱愛理性分析和認真工作的經理人，卻被捲入耗時費神的打字記錄及公文作業的泥沼中；他們那些具有高度創意、值得讚賞的想法往往被丟在一旁。這些勤奮、以理性分析為主導的經理人真正的錯誤是，忽略了重要、充滿活力的人際關係，以及隱藏在每一個組織底層的（而且多數是非正式的）連結。

因此，影響別人的能力對於管理效能而言，雖然不是唯一，但卻是舉足輕重的一個部份。明茲伯格指出，在實際運作中，成功的管理在於平衡理性以及洞察力這兩種互補的要素。❻也就是說，經理人必須一方面是目標導向，同時也應是程序／技能導向；單一技能不足以造就一位有效能的經理人。理智型經理人經常不善於處理社會及組織中的人際關係，而長袖善舞的社交能手若受制於學識不足，也無法成為有效能的經理人。

因此，經理人應該同時著重認知及洞察力這兩種技能的訓練。就像在醫學院，見習醫生需要接受人際關係技能的訓練（即所謂「枕邊技巧」），這樣才能使他們的診斷技術有充份發揮的空間。

就商業的訓練而言，這意味著不能只著重於會計、行銷、法律、經濟等知識性的學習（這些是現代一般

商業與管理課程中的基礎科目），同時也要著重人性
洞察力的養成，也就是一般稱為軟性技能的訓練，例如
如何與人融洽相處、如何建立人際網路或同盟、如何進
行人事磋商、如何激勵別人等技能。

可是，即使商業管理學校增添這些關於影響力的軟
性技能課程，能有實際的成效嗎？這是一個值得懷疑的
問題。德國與日本，這兩個在過去五十年來最強的工業
國家，都宣稱他們只有很少的商業學校，這難道只是巧
合嗎？

環繞著企業管理碩士學位的爭論，說明了這兩個元
素不能達到平衡的危險性。雖然多方面的研究指出，對
企管碩士學位的投資，就個人而言可能值得，但只有極
少的證據顯示，這種教育模式對商業機構有益。[7]事實
上，許多企業家並沒有接受任何大學教育，卻成功地建
立了他們的企業王國，因此不少人相信最好的經理人不
會是企管碩士的畢業生。維京帝國的創立者李察‧布朗
森就是一個例子；另外，比爾‧蓋茨在19歲那年選擇
離開哈佛大學，後來開創了舉世知名的微軟公司。

艾恩‧康貝爾‧布萊德雷（Ian Campbell
Bradley）在討論到「劃時代的企業家」時曾指出，是
那些與教育無關的技能造就這些創業者驚人的成就。[8]

現在，許多機構都開始懷疑企管碩士的能力，他們
認為這些人過份耽溺於認知上的知識，但缺乏處理人際
關係的能力（例如如何獲取別人的支持或委任），所

以無法發揮所長。當這些企管碩士初次踏入一家公司，嘗試發揮他們學過的技術能力時，他們總是被政治陰謀、爭執以及隱藏於機構底層的價值判斷和秘密所淹沒，因而導致嚴重的挫敗感，甚至可能從此一蹶不振。

總而言之，任何一位現代成功的經理人必須平衡理性分析及洞察力。對經理人而言，無論是一個政治狀況或一張損益表，他都可以簡單而正確地解讀。沒有這種能力的人只會讓機會平白溜走。

影響力的必要性

太陽底下沒有新鮮事，影響力的重要性算不上是新鮮的話題。遠在公元前三世紀，印度人考底利耶（Kautilya）[1] 就已經指出，對於治國才能而言，影響力比權力更具重要性。十五世紀佛羅倫斯的政治家馬基維利（Niccolo Machiavelli）對於影響力運作的方式有非常大的貢獻（例如：《君王論》❾一書），以至於他的名字成為權謀霸術的代名詞。

> 那些成大功立大業的人們，往往都不太注重信義，他們會隨意許下諾言，而且知道如何以機巧欺人，最後還可以超越履行諾言的法則。

---

[1] 譯注：協助旃陀羅笈多（Candragupta）率軍擊敗亞歷山大大帝，建立印度史上第一個大帝國「孔雀王朝」（Maurya）的謀士，後來成為印度宰相。

現今的經理人和行政人員跟他們十九世紀的前輩，除了在使用的資訊種類以及溝通技術上有所分別之外，實在沒什麼兩樣。重點是：不論是通過交談、網路，或謠言與耳語來收集資訊，影響力的重要性是一樣的。

那麼二十世紀的經理人，跟他們的前輩之間究竟有沒有決定性的差異呢？有，現代經理人需要運用影響力的範圍比以前大得多。由於現代內部管理的問題層出不窮，而且這些問題改變的速度、大小、乃至範圍，不但會牽扯到整個組織的根本架構，也對組織有極劇烈的衝擊，因此影響力也就變得更重要，甚至在管理學中已逐漸取代權力的位置。

總體環境的改變

在總體環境中，有六個彼此相關的力量創造了管理學的革命，包括：(1)科技、(2)經濟因素、(3)財務、(4)商業的國際化及全球化、(5)政治力量、以及(6)社會力量。

科技

科技進步伴隨著資訊的公開使用權，徹底改變了經理人傳統的權力。在電腦出現以前，經理人的權力和影響力來自他們所能掌握的知識和資訊。由於所有資訊的

傳遞必須經過經理人的許可，因此部門與職位是受到保護的。無論對部門本身或對外而言，這種「守門員」的角色自然給經理人帶來了權力。❿

從前，資訊的使用權掌握在專家以及守門員的經理人手上，現在，透過電腦，任何人只要需要，便可以在網路上自行取用，無需經過部門主管的同意。正如華爾街日報所言：

> 患有電腦恐懼症的經理人，決不可能在公元 *2000* 年身居要職，但這並不是說屆時的高層主管都是一些電腦怪傑，事實上與此相去甚遠。華頓（*Wharton*）大學的副教授傑拉・德佛哈伯（*Gerald R・Faulhaber*）曾提到：「放在地下室的電腦是一件工具，不是幫助你在競爭中佔優勢的資源。」高層經理人必須接受與適應以電子形式交換資訊，以及繼之而來的組織變革……據威廉・麥高恩（*William McGowan*，*MCI* 電訊公司的高層經理人）估計，現在已經有百分之十五的高層經理人透過電子郵件獲得資訊。到了公元兩千年，他預言：「你很難再找到一個不是透過電腦跟公司連繫的人了。」⓫

從前依賴資訊的佔有與分配而獲得權力的經理人，現在的權力已經被削弱了。科技進展的範圍和速度是戲

劇性的，據估計到了公元兩千年，全世界的資訊技術工業的總值是六千億美元，將取代石油成為世界上最大的產業。⑫國家間的分界不再形成溝通的障礙。為了提供全球性資訊管理服務，電訊公司正展開著激烈的競爭。

這種改變，影響了所有跟管理有關的專業：今日的實習醫生們可以藉著按鈕操控專家診斷系統；電腦會計軟體的出現，令會計師熟練的技能變得無足輕重；倫敦交易廳的電腦會在交易員下班回家後自動工作，並且全天候提供有關市場潛力及危機的分析。

這不僅是科技上的變動，同時也改變了經理人傳統的權力基礎，換句話說，這是科技加上科技對組織結構之衝擊的合併。如同減肥塑身者一樣，商業機構正迅速脫去多餘的脂肪，變得越來苗條。從前複雜而難以控制的中階管理階級都已經逐漸被取消，將七層、八層、甚至九層的管理階級減至四到五層的現象比比皆是。雖然部份研究管理理論的學者（例如：哈羅德‧李維特（Harold Leavitt）和湯瑪斯‧威斯勒（Thomas Whisler）曾預言，那些三十年前已經電腦化的企業會更加「依賴」中階經理人，但這些學者並沒有真正瞭解企業瘦身之影響層面的廣泛性。⑬消息人士指稱，從1984年到1986年，美國有接近六十萬中高層經理人失去他們的職位。⑭許多績優公司，例如通用電子、福特汽車、國際商業機器公司（IBM）、殼牌石油（Shell）以及英國石油公司（BP）全都參與這個過程，以至於

商業週刊將這些失業的經理人戲稱爲「呆坐鴨」[2]。[15]

對跨國公司的研究具有世界性威權地位的羅沙伯‧莫斯‧坎特（Rosabeth Moss Kanter）指出，要形成一個資訊可以自由取得的扁平化結構組織，其工作成員必須以平等的方式工作，而不能再依賴官僚體制的權力結構。[16] 套用她的名言，從前管理職位所提供的「不可挑戰的權杖」已經被丟棄，它的位置被「引誘支持者，遠勝於控制下屬」的需要所取代。[17] 這裏指的引誘行爲，包括所有尋求合作夥伴、達成共識之類的軟性技能，而不是依賴組織的控制及獨斷的決策。迪吉多（Digital）電腦公司的一位經理人曾說：

> 在上司 ─下屬的關係結構中，當上司對下屬說：「這裏有一項任務，請你完成它。」或：「我們要取得勝利，這是我們所能看到的勝利，跟你所看到的是否相同？」，這兩者的分別已經算是很大的了。但在新的關係結構中，我們會說：「讓我們來談談這件必須完成的工作，並以合理的方式分攤任務。」這是完全不一樣的作法，在新的作法裏，你受到了賦權，並可以用另一種方法去完成你的工作。[18]

所有的能力，諸如收集資訊、改變既有觀念、達成

共識、聆聽、諮詢、合作、談判、確認別人的需求、正確地詮釋企業文化與風格、自我推銷等等，全是現代經理人要在人際關係及社會影響力方面成功的必備技能。資訊技術的進步，加上組織結構的改變，使影響力的時代正式來臨。

經濟因素

相對於五十年代和六十年代經濟循環的相似性，現今的經濟狀況，我們唯一可以預言的也許是：沒有任何事情是可以預言的。

正如班奈特・哈里遜（Bennett Harrison）及巴瑞・布魯史東（Barry Bluestone）在他們的經典著作《大逆轉》（The Great U-Turn）[19]中指出，五十年代和六十年代是垂直高壓式官僚結構的全盛期：外國競爭不足為懼、內部競相怠惰、產品改革虛有其表、以及自以為優秀的管理訓練，導致歐美的公司誤以為自身的地位固若金湯。

國際競爭的提升，是摧毀六十年代中期歐美公司自信心的一個主要因素，這件事對公司的獲利帶來了戲劇性的衝擊。而那些公司的高層似乎尚未注意到它的出現。此時，原本在歐美的國內市場已經發展成國際市場，歐美產品必須與新興工業國家激烈競爭，後者的產品並不比歐美差。

除了國際競爭的提升之外，科技推陳出新的速度也令人驚訝。例如，從六十年代早期開始，電腦晶片的容量正如摩爾定律（Moore's law）所預言的，平均每18個月就增加一倍。[20]這種幾何級數的進步，使產品替換的速度同樣驚人。

組織若要在這個包括經濟、市場、乃至於產品都進步神速的環境中繼續生存並獲益，必須要變得更具彈性。要成功地與這飛快的變動相抗衡，組織必須進行「形變」，揚棄過去的官僚體制，代之以二十一世紀水平橫向的扁平結構。

資深經理人開始發現，事物實在變動得太快，以至於無法以個人的力量去掌控競爭對手策略上的改變以及產品的革新。他們必須與那些走出官僚結構的工作團隊分擔責任，避免獨自為計畫負成敗之責。這些團隊必須貼近市場與顧客，並有能力在組織中發揮影響力，使績效在最短時間內出現。[21]

正如《卓越的熱潮》（*A Passion for Excellence*）[22]中的預言，頂尖的經理人不能再希望英雄式地獨立承擔所有責任，他們必須從他們的下屬中創造英雄，授與他們權力並與他們一同分擔責任。這些即將承擔責任的下屬必須能夠有效地運用影響力，使他們的想法和建議能夠過關，並且使他們的計畫能夠獲得認同。使工作夥伴分擔責任與全心全力的參與，正是發揮影響力所能帶來的附加價值。

財務

　　想經由科技快速的進展來提升競爭力，必須有豐沛的資金來支持，這些資金可以幫助組織推出新產品及提高服務品質來因應快速的變動。

　　當組織試圖增加收入及利潤時，最常用的辦法之一，就是重新安排在世界各地的商業活動、降低成本、招攬高科技人員、或尋求較低稅率，藉此為公司取得最佳收益。正如一位 IBM 的經理人員對記者表示：「IBM 必須關注所有IBM主要收入來源的國家或區域之競爭力與安定情形。」㉓

　　跨國業務日趨重要，引發了對經理人的新要求，他必須要能和來自不同國家的人員一起工作，並且在一個超越這些國家範圍的企業網路及結盟下運用個人的影響力。在這種情況下，影響力取代了職權，把來自不同文化的合作團體結合在一起。

商業的國際化及全球化

　　八十年代總體經濟與社會的大變動，加上最新科技的進步，加速促成了國際化業務變動的趨勢。毫無疑問，世界將變成一個大市場。

　　以歐洲為例，舊有的國營機構原本是為了保護本國的主要產業，以及對抗美國跨國公司的衝擊而建立的。

現在它們卻將自己轉形成與本國沒有特殊關係的全球性公司。[24] 舉例來說，日本最大的電腦公司富士通（Fujitsu），已經收購了英國的ICL；同樣的，寶馬汽車公司（BMW）亦從英國航太公司（British Aerospace）手中接收了路華（Rover），正為勞斯萊斯生產汽車引擎。[25]

生產上的真理，同樣也是服務上的真理。在管理諮詢部門方面，庫柏斯與里布蘭丹歐洲統計公司（Coopers & Lybrand Europe）設立的目的是為了經由公司來推動全歐洲網路，進而促進全歐洲工業團體各種發展的可能性。這家公司發現，有越來越多的顧客要求能與以全歐洲為重心的團隊單獨接觸。

正如彼得・杜拉克（Peter Drucker）[26]所述，超國界的經濟趨勢所產生的影響，絕非只是創造了新的競爭者，同時也大幅提高了影響力的重要性。為什麼呢？因為在目前的情形下，國際經理人的任務，是以全球性的角度來整合所有的事情。羅伯特・瑞契（Robert Reich）在哈佛商業評論中舉了一個有名的例子：馬自達（Mazda）的MX-5 Miata跑車在加州設計，經費由東京及紐約負擔，設計原型在英國的Worthing完成，最後在密西根及墨西哥完成裝配工作，而車中的高級電子零件卻是由新澤西州設計、在日本製造。

像MX-5這樣的計畫，加深了對於經理人能力的要求，他們必須具跨國管理的智慧並擅長與來自不同國家

的人們一起工作。這對於一向依賴命令及控制手段去與別人工作的獨裁者來說極為困難，因為能成功地將異質性的團體融合，需要全方位的影響能力。

推動這些全球性公司的結構，是以具有世界觀的管理團隊為基礎。舉例而言，在羅伯特・瑞契的報導中提及，IBM總是以擁有五個來自不同國家的最高主管及來自三個不同國家的外部主管為傲。㉔此外，聯合利華（Unilever）的董事會中，有來自四個國家的高級主管，而殼牌石油公司的高級主管則來自三個不同的國家。

由於這些全球性的團隊具有不同於以往的本質，使得要和他們一起工作變成一件不容易的事。這些跨國企業的最高決策者決不會以一個獨裁者的身段出現，事實上，他們儘可能採取「建立共識」導向的工作模式，而非命令式的管理風格。

華爾街日報曾生動地比較了它心目中西元 2000 年的高級主管，以及這些主管的前輩們：

> 自後第二次世界大戰開始，典型的執行長看起來總是這個樣子：
>
> 為了成為一個財務人員，他會擁有會計學的大學學歷。在機構中他循序漸進地一步步攀升，從一個部門的行政組員到主導該部門，再到最高職位。他的軍隊背景顯示：他習慣於發出命令並

看到部屬服從。作為社會福利勸募協會
（*United Way*）的會長，他在他的社交圈中是個
舉足輕重的人物。然而當他第一次為了生意以執
行長的身份出差到國外時，電腦令他異常焦慮。

當我們把目光轉向一個 *2000* 年的經理人
時，情況完全不同：

他的學士學位來自法國文學，但他有工程及
企管碩士的雙學位。他參與研究並很快被選為執
行長的候選人之一；從研究行銷到財務，他不斷
地努力前進；藉著在巴西扭轉了一個本來會失敗
的合作機會，他的能力備受重視；他懂葡萄牙文
及法文，並與許多國家的商務部長稱兄道弟。不
像他那些行政先輩，他不是警官，沒有命令別人
的習慣。在同輩的五人行政小組中，他是第一個
成為高級主管的人。[29]

這些跨國企業的高級主管須透過說服力和談判，並
配合所有影響別人的技能，與同僚達成共識。在六十年
代，只有百分之八的美國公司擁有這種三到六人組成的
決策團隊，這個數字到了 1984 年已經提升到百分之二
十五。[30]

惠而浦前總裁傑克・史巴克斯（Jack Sparks），
也同樣認為在這全球性的商業舞臺上，大學教育應著重

於軟性技能的訓練，如此畢業生在步入社會時，才能與其他來自各地的人一起共事。❸

政治力量

無論在英國或美國，巨大的經濟起飛總是起源於政府在態度上的變化，這些變化是朝向解除對企業的管制、民營化、及鼓勵社會人口與職業的流動等方向邁進。

以英國為例，這些變動包括了國營企業的民營化，例如：英國電信公司以及英國鐵路公司；金融服務業法規的簡化；以及鼓勵可轉移的退休金制度來增加社會的流動性。

除英美之外，許多依賴政治保護以免於競爭的團體，在八十年代及九十代已經被掃地出門。舉例來說，二十一世紀來臨之前，東歐以及前蘇聯的計畫經濟宣告解體，接著歐洲共同體（European Community, EC）允許歐洲自由貿易聯盟（European Free Trade Association, EFTA）建立一個歐洲經濟區（European Economic Area, EEA）。EEA 的自由貿易區結合了十九個國家，約有三億人口，涵蓋了世界貿易總額的百分之四十三。加入這場變動的政治實體持續增加中，印度、南韓、巴西及以中國大陸也都先後放寬限制並開放市場給世界競爭。

這些現象表示，各個組織都深深感到改變的必然性，像IBM這麼大的機構也開始面臨全球性的競爭。財務規定的簡化，各類專業領域的開發，諸如會計、法律、醫學以及工程等，都造成了組織結構及員工角色戲劇性的改變。

現在，專業人士也必須學習如何影響他們的顧客與競爭者，因爲他們受保護在舊有的「顧客／專家」關係下的時間已所剩無幾。在英國，公營事業已經被要求在公開的市場接受競爭及投標，來執行它傳統的神聖功能。現在，它們必須學習說服一大群決策者與公共大眾相信它們的服務是有價值的。英國內政部正打算把諸如刑事傷害賠償委員會以及港口的海關控制等工作開放公開投標。事實上，有一些國民保健制度已經開始跟他們的醫生展開戰爭，試圖把組織的商業目標與病人的需求聯在一起。

社會力量

另一項推動組織邁向大幅運用影響力的因素是，勞動力特質的轉變。

從前，沒受過高等教育的員工，會非常滿足於穩定的工作以及逐漸提升的生活品質，因此，他們比較順從並願意接受指導。於是，多層的官僚制度會使工作儘量變得簡單而且有清楚的定義，這樣當老闆不在時，一般

人也可以做出決策，把任務成功完成。

然而，受了現代教育的現代員工，對於工作有著不同的期望。據估計，1996 年有百分之十二的英國員工是大學畢業生。❷ 因此，他們帶著與他們前輩完全不一樣的期望：他們希望被徵詢意見；他們有自己的看法；他們希望在工作上採取主動並承擔責任。

這些受過高等教育的白領階級，對於無聊的常規工作，以及須受到別人指導和控制等雖穩定卻沈悶的職業一點興趣也沒有。他們希望找到捷徑能攀到高峰；他們饑渴地希望接受組織重整的挑戰；他們積極地迎接能運用影響力的機會，以跳過傳統職權基礎的路徑而到達高層職位。

對組織的涵義

面對新的競爭壓力，商業機構有哪些對策呢？大多數的機構已經經歷了一場革命，並如同字面意義般地進行了「形變」。除了組織的結構之外，管理工作的本質也受到了這項革命的衝擊。

新的組織結構

企業已經開始從根本上去重組結構，「垂直地分解」那些龐大而且高度中央集權的官僚體制。要使結

構變得更扁平化，必須去除許多中階經理人，也就是那些原來從事協調與控制功能的中階經理人。

據說，英國鋼鐵公司曾經有一張展開時，寬度等於一整個房間的組織結構圖。[33] 這種巨大、金字塔般的組織圖正漸漸消失。談到傑克·威爾希對通用電子的作為時，《財星雜誌》（Fortune）是這麼說的：「通用電子曾是個金字塔狀九層高的結婚蛋糕，傑克·威爾希刮掉了那些如同華麗裝飾糖霜的員工，收縮了它的管理結構。」[34]

羅沙伯·莫斯·坎特曾舉出許多結構重組的驚人例子：

為了要減低成本以及增進向下層員工授權的效率，一家曾以組織階級複雜著稱的電話公司，幾乎除去整個管理階層……使擁有百分之七十五員工的最大部門之管理控制幅度拉大了兩倍。

「汽車業的巨人以禁止所有一對一的報告關係（一個主管只監管一個下屬）開始其提高效率的第一步。

一個廣為人知的家用產品製造商，透過創造「高度承諾的工作系統」，開始逐漸減少直線經理人階級，員工以團隊為單位對產品負全部責任，不再需要經理人。

一家藥品公司正在進行「去階層化」……來

減少不必要的層級，同時這的確也是決斷力與行動的「去階層化」；對於每個部門，有了新的組織結構圖，使員工在至少減少兩層經理人的環境下工作。

　　一家石油公司，戲稱自己是一隻「學跳舞的大象」，正在嘗試透過解除一些官僚體制的管理階層來使行動更敏捷。㉟

　　現在，典型的組織管理階層一般只剩下三到四層。組成企業的零件，不再是專家或功能性官僚體制的職位，取而代之的，是小型的單位和團隊、為處理個別問題而組成的小組與同盟。借用波特五力理論：小的單位更快（faster）、更專注（focussed）、更有彈性（flexible）、更友善（friendly）、以及更有趣味（fun）。㊱　例如，李察‧布朗森特別偏愛由五個核心成員去協調整合的五十到六十人之團隊。這些團隊本身可以長期存在，也可以是臨時編組。

　　經理人的角色不再長期與終生，現代的經理人往往是因個別的計劃或事件，以短期合約的形式進入組織。七十年代，艾文‧杜佛勒（Alvin Toffler）㊲在《未來的衝擊》（*Future Shock*）中創造了「特組織」（ad-hocracy）[3]一詞，用以描述他心目中那種自由、持續變

---

[3] 譯注：ad-hoc源自拉丁文，有「特別的」意思；參考時報文化蔡伸章譯本《未來的衝擊》，選用「特組織」一詞。

動的未來世界。

　　組織改變的不只是內部結構，同時也改變了工作方法。工作方法的改變在持續運作的內部營運中發酵，這些內部營運往往過份浪費資源。舉例來說，英國的國立健康醫院已經跟提供專業人員服務的人力資源公司簽訂合約，將短期的需求交給這些便利的「外送服務」。現在，組織往往為了特別的計劃、產品或服務，而與其他提供人力資源的機構合作，以取代組織為了進行各種商業活動，須自己建立大量的部門。這些外包出去的工作包括財務管理、後勤、開立發票、資料庫管理、產品設計、法律服務、以及人事管理。去除這些部門可以增加利潤——機構只在需要時才徵求專家的意見，這自然比以固定開支來維持這些內建的部門來得好。

　　雷孟・邁爾斯（Raymond Miles）形容這些嶄新的、逐漸增加的組織結構為「動態的網路模型」，在這模型中主要的角色是經紀人。❸鮑伯・格爾道夫透過他的影響力將有著共同目標的藝術家、廣播人、政治家、收稅員、以及慈善工作者聯合在一起，組織了創造新紀元的「援助樂隊」計畫，便是一個充份實現了經紀人角色的典型例子。

1991 年英國管理學會的調查報告，《*扁平的組織：其哲學基礎與實務*》[39]一文中顯示了以下的事實。其會員組織中：

⊙ 幾近十分之九正在進行精減、將結構扁平化的過程。

⊙ 大約十分之八將更多的任務交給小組去完成，並建立易於溝通的組織結構。

⊙ 超過三分之二承認，原本是長期性的配置正逐漸變為活動式、暫時性，各部門間變得更相互依賴。

⊙ 超過三分之二的回答認為，組織內部應該變得更相互依賴。

新的經理人

扁平化、減少階層的組織結構，導致經理人員收縮至如同一獨立的階級，他們的責任只剩下策劃、協調、整合、以及控制支出。

收縮中階管理階層後顯示，那些留下來的經理人員之責任幅度增加，或必須處理一些他們有

時並不專精的專案。

在這樣的情況下，選擇一個以緊密控制來領導下屬的經理人，讓他承擔全部的責任，往往只有失敗一途。這些經理人會發現他不僅沒有足夠的時間去檢查及維護整個專案，同時他也缺乏專業能力去有效吸收這些技術上的資訊，甚至有可能，他根本沒有能力去了解這些事。

只有在所有員工及盟友都能分享責任和榮譽時，扁平結構的團隊合作才能有傑出的成果。也只有在放下形式上的職權，放下控制的權杖，透過分享與相互依賴，以共同的利益及成功為目標時，才有可能。達成團隊的成功，以及分享與相互依賴都需要人們去相互影響。不論是老闆對團隊，團隊對老闆，團隊內部或團隊對團隊，任何一種接觸都必須仰賴影響力來完成。

所有行政經理人員都需要知道如何推銷重要的計畫、說服同僚提供資源、建立愉快的工作關係、使上司對於那些他們也許認為不重要的問題作出反應、及對同伴們提出的請求給與體貼的回應。競爭已經過時了，透過影響力的合作才是時代勢趨。

對於合約員工及流動性員工，同樣要建立以良好關係為基礎的管理方式。

你或許認為，在我們討論的各節內容中，最重要的是如何有效地以金錢的控制來確保工作的順利進展，但

這實在太過簡化問題了。只要曾經雇用過家務助理，不論是電氣技師、土木工、清潔工、或保姆的人都知道，交差了事或為了讓你再次選擇他們的服務而盡力完成工作，這二者之品質的差異有如天壤之別。有品質保證的工作往往來自影響力的運用——透過清晰的溝通達成共識，在目的、方法以及結果上達成協議，並且維持彼此間和諧的關係。

成功地運用人際關係影響力，可以引發類似忠誠的情緒，而這種情緒會使人們願意付出比合約更多的努力。

為了讓產品有最佳的品質及得到員工額外的付出，核心經理人必須十分擅長應用影響力的策略，藉以誘導所有一同工作的成員朝著共同的目標努力。由於現代機構中的相互依賴，對於二十一世紀的經理人而言，影響力乃是管理能力中極為重要的一環。

本章概要

⊙ 本章檢視管理效能與影響力之間的關係。

⊙ 二十一世紀組織結構的改變是由科技、經濟、財務、政治、社會、以及全球化趨勢的力量所致。

⊙ 新的、扁平化的組織結構會有較少的經理人及更依賴專案工作團隊，並會串聯到許多相關聯的組織。

⊙ 我們已經瞭解經理人新的角色，他遠離職權與控制，邁向互相依賴和責任分享。由於現代機構中的相互依賴，對於二十一世紀的經理人而言，影響力成為管理能力至關緊要的技能。

概念測驗

你是否明白在二十一世紀裡，影響力技能在組織的重要性？

以「是」或「否」回答以下問題。答案在後面。

當與答案不符時，記得回頭檢查答錯的原因。

1. 管理最重要的是計畫、編定組織、以及控制。

2. 二十一世紀的經理人要完成任務需仰賴官僚體制的職權。

3. 經理人的價值決定於他做了什麼，而不是他認識誰或跟誰在一起。

4. 大部份的管理決策都建立在邏輯、理性的準則上。

5. 在現今這些扁平化的組織結構中，影響力與技術同等重要。

6. 扁平化、減少階層、以網路為基礎的組織需要的是整體的共識，而不是控制導向的管理模式。

7. 受過教育的員工自然會尊重管理職權及紀律。

8. 對於合約與不重要的領域，單憑財務上的控制就可以保障工作的品質。

9. 忘掉人事，把注意力集中在任務上是最好的管理課題。

10. 在現代全球性的跨國組織中，人際關係的影響力變得越來越重要。

答案：1.否、2.否、3.否、4.否、5.是、
　　　6.是、7.否、8.否、9.否、10.是。

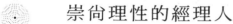

個案研究

崇尚理性的經理人

對於美國母公司來說，羅拉‧鐘斯任職的這家大型製造公司，只是一家自治的分公司。羅拉剛升到行銷主任，對於新職位她感到非常興奮，並很自豪地告訴他的丈夫尼爾。有了這個具有職權的新頭銜，她終於可以將她念企管碩士時所吸收的理念和知識付諸實行。

她相信總經理詹姆斯會支持她。在她受面試的過程中，她相信詹姆斯像她一樣是理性、由目標驅使的人。她認定詹姆斯海軍的背景代表著他尊重勤奮與理性分析。

在開始的數個月中，羅拉將焦點放在市場策略分析、產品組合、以及市場資訊系統的執行情況。

六個月之後，詹姆斯對羅拉的工作給予非常熱烈與正面的讚賞。在能力評估面談的最後，詹姆斯問及她希望在未來的五年內職業生涯可以發展到什麼地步？羅拉說，她希望可以像詹姆斯一樣成為總經理，並深信這誠實的答案並不會令詹姆斯有受到威脅的感覺。畢竟，詹姆斯已經接近60歲，對羅拉而言，詹姆斯既像父親又像導師，她相信他必定能對她的將來提供最好的意見。

說起來，羅拉是有些天真，她忘了從部門經理口中

聽過詹姆斯以前的故事時留下的印象。詹姆斯不只是個帆船的狂熱者，同時也是社交宴會的常客，他素來便以喜歡出風頭著稱。

第二個半年，羅拉加倍地投入工作，從她對市場的分析中顯示：縱使這家公司大部份的產品都有十分好的利潤，但由詹姆斯所帶領推動的最新產品，並沒有做得如預期般成功。不但沒有成為市場上備受重視的新星，反而每況愈下，在金錢不斷虧損的同時，市場佔有率也逐漸下降。羅拉向詹姆斯報告了這個訊息，然而他似乎並不願意將這項訊息上呈董事會。她被詹姆斯的反應迷惑了，但仍繼續致力於為這個生病的產品策劃重新開始的行動。

在每週例行的小組會議中，羅拉開始覺得詹姆斯熱衷於談論海洋的故事，而不想談市場及產品績效的細節。每當提及資訊技術時，詹姆斯的眼睛就顯得死氣沉沉——彷彿電腦使他神經緊張。

羅拉持續著每週七十個小時的工作狀態，幾乎放棄了家庭生活，她用了十八個月，總算使那項重新開始的產品之市場佔有率明顯增長。

對於下一次的能力評估面談，羅拉當然期待著令人激賞的正面評語。因此，當詹姆斯嚴厲批評她的表現，並且毫不提及市場佔有率與利潤的上升時，她受到極大的打擊。她越是努力嘗試為自己辯駁，詹姆斯對她的批評也就越加嚴厲。當天晚上，羅拉向丈夫尼爾訴苦，他

們怎麼也想不通到底是出了什麼問題。

檢討

1. 為什麼羅拉的新工作會如此失敗？

2. 羅拉做錯了什麼，她應該怎麼做？

3. 這個案例如何說明了影響力的重要性？

摘要

◎ 對於任務及人事關係應投入同等的專注。

◎ 避免只講求邏輯與事實。

◎ 認識需要接觸的人際網路。

◎ 了解同僚隱藏的線索。

◎ 了解控制情緒與非理性行為的重要性。

◎ 明白人們並非全都有相同目標的事實。

◎ 努力達成共識，放棄以控制做為管理的手段。

◎ 儘快瞭解同事們工作後的人際關係網路。

◎ 在開始承接一項工作時，立刻與同僚建立私人
關係。

實踐方法

1. 試指出曾經對你的組織造成強烈衝擊的環境變
   化，包括科技、經濟、財務上的改變。

2. 這些改變如何影響了公司的組織結構？你所屬
   的單位有沒有「減少階層」？

3. 你的工作如何受到改變？你是否花更多的時間
   在團隊工作上，而減少運用職權去指導別人
   呢？試舉例說明。

4. 你可以做那些事來與同僚建立良好的工作關
   係？

5. 你是否在最早的時間點就開始建立良好的關係呢？

6. 列出你想加強影響力技能的原因。

7. 列出曾被你成功影響過的人。這些人是否有共同的特質？透過這些分析，了解你在影響別人的能力上之優點與不足。

8. 你是否對不同的員工採用不同的策略和戰術，那對於來自不同國家的人又應如何？

9. 當你的貢獻被人忽略時，你的感受如何？試描述之。

10. 當所有的組員表示願意努力達成一致的目標時，你的感受如何？試描述之。

第二章

運用影響力的意義
是什麼？

◆ 自我評估

◆ 權力與影響力的關係

◆ 權力是什麼？

◆ 七種權力機制

◆ 影響力是什麼？

◆ 影響力的六項基本法則

◆ 本章概要

◆ 概念測驗

◆ 個案研究

◆ 摘要

◆ 實踐方法

　　本章的重點在於認識影響力的運作過程。首先解釋影響力的概念、本質、影響力與權力的關係，然後討論在二十一世紀的組織中，與經理人息息相關的七種權力機制，同時也檢視可以獲得潛在權力的六項基本法則。

自我評估

分析職位中的權力和影響力結構

　　要了解權力和影響力如何阻礙你完成工作的最佳方式，就是列出一張你必須依賴的人物及其職位的清單，下圖是以總經理的位置來說明。

圖一　　分析你職位中的權力和影響力結構

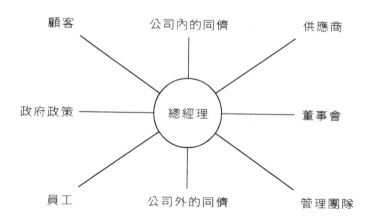

現在，以你的職位來完成你個人的圖表，然後回答以下問題：

1. 解釋這些依賴關係的基礎：是否跟對方的職位、資源力量、資訊力量、關係、專門技術、以及能制裁你有關？

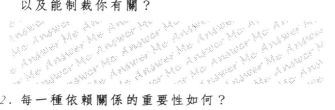

2. 每一種依賴關係的重要性如何？

3. 在每一種依賴關係中，你用哪些策略與戰術來嘗試改變權力的平衡？舉例來說，你是否曾：

   (a) 考量呈交提案時的場合背景與方式？

   (b) 在報告事情時，考慮到時間點以及先後次序？

   (c) 暗中扣住資訊或資源？

   (d) 在同僚間建立共識，以提升團體對你的提案之支持度？

   (e) 極力巴結你要影響的對象？

   (f) 使用搧動性或情緒性的訴求，以建立團體的支持和認同？

   (g) 積極地建立人際網路？

進一步討論

上述活動可以幫助你分析你工作中的權力與影響力之基礎。

你很可能覺得，工作無法完成是因為你的職位沒有足夠的權力。但是，你可能忽略了很多可以運用的權力資源，並且陷入了權力完全來自職位的迷思。

如果你在第三題的答案中，「否」佔多數時，那你根本不曾運用過影響力的戰術和策略，而這些戰術和策略是可以有效提高你工作中的權力基礎。

這個活動想說的是：除了你所掌握的職位之外，有許多事情可以幫助我們完成工作。事實上，我們不但可以操縱許多不同種類的權力，還可以運用不同的影響力戰術和策略來活化這些權力。本章要討論的，正是權力與影響力的這種關係。

權力與影響力的關係

　　沒有能力完成工作或無法讓自己的想法與決定實現，都是現代組織中常見的問題，正如我們在第一章提到的，這個問題會越來越嚴重。許多執行上的問題，往往因為經理人無法有效影響別人，以及無法運用屬於他的權力。

　　個人的努力、能力、以及成就，並不足以在機構中完成任務。經理人必須依賴權力與影響力。公司的生態不是那種能者為王的局面，它不會理性地將報酬、資源及讚美分配給那些工作績效最好的人。如果是這種情形，本書也不用看下去了。

　　多少次你眼睜睜地看著同儕那些分析膚淺的提案獲得通過，竟只是因為他善於運用對照、承諾、以及稀有性這幾種原則來贏得老闆的認同，而心生挫折？

　　試想想，如果你是這些同儕中的一員時，你可以擁有多少權力，對於快速升職有多大的幫助。千萬別忘了喜歡人和被人喜歡的力量——以及因此而能得到的額外好處。不要低估了情緒的潛在功效，不要低估隱藏住你的情緒和野心所能得到的利益，更不要低估長期默默耕耘，靜待時機來臨才全力出擊的回報。

　　這些影響技能可加以操弄及隱藏的事實，並不會損及它們的正當性。它們是每個組織活動中必須且重要的

一環,並且每種技能都有心理學的根據。縱使你自己不願意使用這些技能,也要記得,每個在你身邊的人都正在使用它們,而且這正好造成你的損失。所以還是讓我們仔細討論一下權力與影響力之間的關係。

權力是什麼?

在我們的術語中,所謂的「權力」(power)指在機構中藉由影響別人而完成工作的潛在能力。它是一種必須藉由其他程序來釋放的隱性資源。

經理人之權力的釋放,有賴於影響力的程序,而影響力這種程序則須依賴人際關係和社會壓力來促使別人改變他們的意見、行為,最後決定遵循你的要求。

若要成為具有影響力的人,我們可以運用哪些隱性的權力資源呢?

七種權力機制

學院派的評論家,可以長篇大論地討論個人從機構中獲得大量的權力資源。然而,我們把焦點集中於潛在的影響者可以開發的七種主要來源。這些來源可以概述為:(1)資源、(2)資訊、(3)專業技術、(4)人際關係、(5)脅迫、(6)職位、及(7)個人魅力。

前六項權力根源於組織，第七項則來自個人行為的產物。

資源權力

> 預算、重要的投資決策、聘用及解雇、薪酬、員工晉級、甚至是公司停車位的分配……任何被認為有價值的事物之分配權就是資源。如果你可以控制許多不同的資源，那你就是擁有權力的人。

哈佛大學具領導地位的學者傑福瑞‧費弗（Jeffrey Pfeffer）曾指出：對於二十一世紀任何扁平化結構組織的成員而言，最重要的兩項資源就是盟友與支持者。❶組織中相互依賴的系統越來越強，以至於要獨立完成工作變得越來越困難。

擁有忠誠、值得信賴的支持者幫助你完成計劃是十分重要的。種種證據顯示，希拉蕊之所以無法讓1994年的健康保險改革計畫獲得通過，最大的原因就是她無法在美國國會中建立有效的支持基礎。

資源可以是非物質（例如：地位），也可以是物質（例如：錢）。像魔術師從帽子中拉出兔子一樣，運用非物質的資源特別有效。舉例而言，如果你知道某個你想攏絡的下屬對地位及特權特別感興趣，那麼給他公司

的萬能鑰匙，為他申請一張公司的信用卡，或讓他列席在最高經理人會議中，都會產生極大的效果。

禁止你想打擊的對象直接接近重要人物或設備，也是對非物質資源另一種同樣有效的運用——例如從員工手中撤回他原來擁有的萬能鑰匙，或降低一個行政人員可以自行運用的報銷額度。

美國第 36 任總統林登‧詹森（Lyndon Johnson）在西南德州州立教育學院念書時，以行動證明了掌握與重要人物直接接觸的路徑便可以創造權力的原則。❷他的職稱是校長個人秘書的特別助理，實際的工作是負責將校長要傳送的訊息送到學院的其他地方。詹森巧妙地擴充了他的工作範圍，使訊息的回傳也同樣要透過他。透過佔領校長辦公室外的一張桌子，他將他的工作從負責通告訪客，進而逐漸提升為一個全面性的專任秘書。不久，詹森就被視為院長專用的把關人。

最重要的是要知道人們想要得到什麼——例如，親近某人，得到社會地位或取得資訊——然後控制及分配人們想得到的這些事物。

你應該持續地注意是否有新的資源可以開發運用，包括設備、時間、以及預算，都是可用的資源。

然而，擁有資源並不能成為一個有權力的人，對資源有控制權才是權力的來源。所謂的控制權是指在運用上有完全獨立決定的自由。舉例而言，一家公司物流部經理人可能將貨車司機的排班交給他的部屬，但如果任

何更動都需要經理人的認可，這些部屬在他們的同事眼中便始終沒有權力。

資訊

資訊就是力量，這句話的眞實性至今不渝。在組織中，可以帶給你權力的資訊主要可以分爲三種：

技術性資訊

技術性的資訊就是包括在報告和紀錄內的資訊。無論這些資訊是關於財務或經營，它們都可以讓你對於組織的管理效能有深入的了解。

1989 年，創立藍羅貿易王國的商業投機客提尼‧羅蘭德被澳洲人亞倫‧龐德（Alan Bond）意圖併購藍羅公司的行爲所激怒。於是，他要求他的財務會計師泰瑞‧羅賓遜（Terry Robinson）去摸清龐德的商業王國之財務狀況，並發表了一份長達 93 頁關於龐德的財務報告，指出龐德正逐漸被市場淘汰。這份報告導致龐德在此次併購的協議中徹底失敗。

你是誰？你扮演哪些角色？這兩個回答通常就已經決定了你能掌握的資訊種類。但是，經由小心地將自己安置在組織的訊息傳遞網路及社交結構中，便可以增加你對於技術性知識的取得權。例如，只要你能與組織中有權力的人建立關係，甚至只是機密資訊的處理人員，

像是秘書或打字員，都可以爲你開闢通往重要資訊的
管道。

關於公司社交生態的資訊

正如技術性資訊一樣，了解人們彼此的看法以及他
們對組織的看法也是一個潛在的權力來源。此外，你可
以一步步的在組織中各個層級建立人際網路，循序漸進
地增加你對內部關係的了解。舉例來說，如果你跟總裁
的私人助理結交，他自然便可以提供你總裁對人員及政
策的看法。

要說明與重要人物的關係如何幫助一個人更快速晉
升，藍箭有限公司的前總裁東尼・柏利就是一個非常好
的例子。[3] 在健力士（Guinness）啤酒公司工作了十
年之後，包氏（Bovril）牛肉汁公司的財務總裁邀請
柏利加入包氏，接受首席會計師的職務，在此同時，那
位總裁的秘書「正巧」嫁給了柏利，成爲他第一任的
妻子。對此，柏利本人是這麼說的：「正如你所想
的……事實上，我並不夠資格接受這份工作，他們給我
的待遇實在太高了。」[4]

個人情報

只要想想英國議會中的黨鞭們，他們如何使用那些
包含許多內容見不得光的黑名單來控制下院議員，你就
可以瞭解個人情報的威力。

讓別人知道自己的隱私是一把雙刃劍：雖然有助於建立關係中的信任度，但在關係惡化時，它同時也是對付你的最佳武器。從英國皇室力圖將機密條款列入威爾斯親王和戴安娜王妃的離婚協議中，便可證明此事。

專業技術

　　這種力量是因為擁有特定領域中的專業技能而產生，例如金融專家、電腦專才、或律師都可以透過他們的專業技能取得一般人無法得到的權力。

　　霸菱銀行（Baring Bank）那位「天才交易員」尼克・李森（Nick Leeson），在高度複雜的衍生性金融商品市場中展現他卓越的專業技能，但因為他的上級疏於監控他的操作，終而造成了霸菱銀行的瓦解。[1]

人際關係

　　如果你建立了一個與有權勢者和專業人士接觸的人際網路，並且涵蓋了組織內部及組織之外，那麼你就可以說是擁有有效的人際關係。

　　正如傑出的企業家彼得・沙瓦里（Peter　de

---

[1] 譯注：　李森在1994年底大舉買入日經期貨，隨著阪神大地震日本股市大跌，李森卻不願認賠停損，違反銀行規定繼續加進保證金，以至於霸菱銀行虧損數百億英磅而倒閉。

Savary）所言：

> ……如果沒有這許許多多「守護天使」及一路上各方友善的幫忙，我絕對沒有辦法完成我所做過的事。……有許多人長期不斷地幫助我。我認為，任何一個人在他一生中，都需要這種來自外界的幫助。❺

珍妮佛・得艾波（Jennifer d'Abo）是一個非常成功的企業家，同時也是莫依斯史蒂文斯（Moyses Stevens）投資公司的總裁。對於她的良師益友里昂納・葛林（Lionel Green），她是這麼說的：

> 是他創造了我，我愛這男人勝於世上的一切。他憑著個人的能力成為偉大的企業家。他是最善良寬厚的贈予者。我在二十一歲那年認識他，當我開始從商時，他就在各方面為我提供適當的諮詢人選。當我們開始合作之後他更負責所有這些問題，因為我不認識任何人。如果我打算做任何瘋狂的事（像是買下一間破產的百貨公司），或在任何我需要建議的時候，里昂納會說：「噢，親愛的寶貝，太好了，那實在是個絕妙的主意！來來來，告訴我你的想法。」然後他會給我一長串名單，告訴我那些人可以給我

忠告。噢，他真是我的福星！」❻

我們可以舉1980年代後期保守黨的財務大臣羅德
‧楊恩（Lord Young）的例子來解釋社交接觸在專業
領域上的運用。在一場婚禮中，他發表了一場男儐相的
演說，從而使艾薩克‧沃爾夫森（Isaac Wolfson）發
現他的才能，在了解了羅德‧楊恩的溝通才能後，艾薩
克‧沃爾夫森將他派任到大世界百貨公司(Great Uni-
versal Stores）。❼

透過這些方法取得的各種接觸並不一定馬上見效，
但它們往往能在往後的某個時機中展現出效果。這表示
與那些將來或許有幫助的人建立關係是值得的，而這些
關係也許僅僅是在研討會或協商會中建立交情、或在會
議中交換名片。

無法建立良好的人際接觸十分危險。莊氏萬維利公
司的總裁及執行長李察‧古德溫，在1970到1975年間
不但創造了公司的銷售紀錄，並且令獲利持續成長。然
而他卻因為無法與董事會建立良好的工作關係而在
1976年被迫辭職，部分原因是他本身有強烈的個人主
義色彩，同時他那自恃成功的交談方式也是另一部分原
因。

　　　這裏有一個傢伙，他沒有團隊工作的經驗，
　　而這個團隊卻必須為公司負完全的成敗之責……

這個人在加入莊氏萬維利公司前習慣獨自工作……他無法順利地和董事會一起工作。❽

脅迫

許多經理人常避免做那些令人不愉快的事，以學術用詞來說，就是以處罰爲主的手段。❾他們常常避免在諸如裁員、調職之類的問題上做決定，儘管就他們的角色及職位而言，他們有權如此。

事實上，如果在執行這些在商業上屬於正確但令人不快的行動時，仍能維持住人們的自信及尊嚴的話，你同樣可以取得巨大的權力。如何運用這樣的職權極爲重要，人們往往從你行事的方式去判斷它是公正的權力運用或處罰的手段。

八十年代初，傑克‧威爾希裁員了十萬名通用電子的員工，最初他得到了「中子彈傑克」的稱號（在殺人後卻能保持建築物矗立的炸彈）。❿但他所實施的這個放血行動是來自敏銳的感覺。隨著通用電子在股票市場的成長，從1980年的一百二十億到1991年的六百五十億，威爾希終於獲得一致的尊敬，並成爲1990年代中最主要的商業管理英雄。

媒體大亨魯柏特‧梅鐸曾施展過一個高度有效的處罰手段。在他與太陽報那惱人的編輯凱文‧麥肯錫的交往中：

為了保持他完全的控制權，梅鐸以沈默來統治。他的方式是使每一個編輯都感覺到，從梅鐸棲息的王國中任何傳來的電話，就是這個編輯一天或一週內最重要的事……。

透過他無分日夜任何時間的電話，梅鐸使麥肯錫保持警覺。這些電話永遠是同樣的模式。「喂，凱文，現況如何？你的大標題是什麼？」然後麥肯錫便會提出說明。在電話的另一端提出評論前，往往會先有一個長而令人生畏的沈默。如果麥肯錫做了一些「淘氣」的事，他會如坐針氈，等著看他會被怒斥還是那件事被忽視。當他從困境中擺脫時，他會鬆一口氣然後說：「謝天謝地！他沒有提到它。」……。

最令人難以忍受的評論是：「你失去你的敏銳度了，凱文。（停頓）你的報紙真是悲哀。（停頓）你失去你的敏銳度了，凱文。」然後電話就會掛斷。任何人在接到一通這樣的電話之後，辦公時間就會變得像在地獄一樣。⓫

某些人可以透過他們的外形來達到脅迫的目的。例如羅伯特・麥斯威爾，顯然就可以運用他的外形來使別人服從。

職位

最明顯的權力來源就是你的正式職位，它使你有權命令人們做你想要他們做的事。分配任務、建立優先次序、仲裁、規定限期、以及雇用或解雇員工的權力都是經理人的職權範圍。

沒有人是萬能的。你也許會想像一個像梅鐸般的最高首長，以他的職位而言，大概會擁有幾乎是無限制的權力，但分析指出，他仍然受到某些特定處境中的許多變數之控制，例如機構投資人或媒體管理機構的監控。

當然，每一個職位的限制，也會因其他掌權者的支持及本身掌握的資源之不同而不同。

擔任一個若似有權的職位並不代表真正擁有權力。前內閣大臣諾曼・賴蒙特（Norman Lamont）在 1994年對首相的尖刻批評便是一個例子。諾曼・賴蒙特說：「約翰・梅傑（John Major）身處權力中，卻沒有能力掌控權力。」

柯林頓總統則是另一個例子。表面上他是擁有全世界最有名望及權力的地位，但卻因為他的政黨在 1994年的國會大選失利，使他能行使的權力深受限制。獲勝的共和黨隨即限制了柯林頓對一些重要資源的使用權。

正如我們在第一章所見，權力與職位的相關程度會隨著提高教育程度和民主化而降低。人們期待你以專業

能力來贏得你的職權。也期待你諮詢他們的意見，向他們解釋工作的內容，而不只是下達命令。

此外，當組織開始簡化層級，變得日漸扁平的同時，想取得那些有穩固權力基礎的職位之可能性當然也就會越來越少。

個人魅力

這種力量來自你以個人的特質對人們造成的吸引力。

人格特質在這個部分佔了很重的比例。當然，舉止和外貌是很重要。人格特質與外貌的結合往往能創造出「魅力」，這種能力不但能使人們被你吸引，還能驅使他們去做你想要他們做的事。

英國工黨領袖東尼・布萊爾[2]的個人魅力跟「陰鬱的」梅傑比較時常佔有優勢。同樣的，李察・布朗森以他吸引媒體焦點的年輕且精力充沛的運動家形象，創造了豐富的個人資源。柯林頓總統慢跑的電視畫面所創造的正面形象與卡特總統在跑步中顯得虛脫和精疲力盡的丟臉鏡頭正好成為強烈對比。

外表雖然可以提升個人形象，但有時也會降低——尼克森總統總是被人說在電視上看起來不夠光明正大，因為他那長得太快的鬍子使他看起來比較陰沈。

---

[2] 譯注：其後擊敗梅傑成為現任英國首相。

要成功地運用個人魅力，你必須確保有足夠機會進行面對面的人際接觸——畢竟想透過文字或高科技的通訊媒體（如視訊會議）來呈現完整的個人魅力是十分困難的。

影響力是什麼？

在組織中既然有這麼多權力來源，為什麼經理人還是覺得權力不足呢？要了解原因，就得回到我們對權力的原始定義，也就是我們曾說過的，權力是在機構中影響別人去完成工作的潛在能力。這種定義意味著權力是一種必須藉由外在程序來釋放的潛在資源。

最主要的釋放途徑是影響力，影響力可以透過人際關係與社交技能，使別人自動地改變對於人物、事情及決策的態度，使你的想法得以實行。換句話說，經理人只有在發展出能影響別人的能力之後，才算是真正擁有權力。

這並不是說，權力本身不能當成資源，以獲得別人的認同或改變別人的行為。事實上，你也許可以很成功地透過你在官僚體制中傲人的職位、或在某個計劃中過人的專業技能，甚至透過強硬的個性來獲得同僚的合作。但這些手段意味著一定程度的脅迫。這可以導致表面行為的改變，但無法改變人們對某些情境的感受或認知。

　　影響力與高壓手段完全不同。它是一種在無意識的情形下導致行為、態度及信念產生改變的微妙程序。沒錯，它的確成為權力的資源，但它是透過人際關係和說服力所產生的微妙程序來運作的。比起赤裸裸的權力，影響力的本質是較難以察覺的過程，它是迂迴而微妙的。別人甚至可能沒有注意到你正在使用它。這種難以察覺及微妙的本質會以它自身的內在力量逐漸造成改變。

　　回到第一章羅拉的例子。雖然羅拉同時擁有職位和專業能力，但她不但無法以強而有力的市場分析打動她的老闆詹姆斯，甚至連市場佔有率提升後也無法贏得表彰和認可。最大的問題就是她沒有採取正確的途徑，從社交的層面與詹姆斯建立關係。單單把工作做好並不足夠——羅拉未能有效地影響詹姆斯。

沒有權力的影響力

　　一個組織的執行長和經理人可不可能在沒有權力的情況下而具有影響力呢？實情是「不可能」。權力是每一個組織的一部份，在大型的全球性財團、小型的製造業工廠、學校、甚至地區教會都一樣。甚至最最卑微的人在組織中也有他可以行使的權力——縱使沒有權力去批准什麼，他們仍然有能力阻止一些事情的發生。請你假想一個場景，一個提著大包小包的人在追公車，他跑得滿頭大汗，腳步蹣跚，眼看就要追到時，公車司機

說：「對不起，不能再等了。」然後揚長而去。

　　組織是由相互依賴的人們所組成，所以差異和分歧是日常生活中正常的一部份。他們對於組織訂定的目標會有不同程度的支持和投入，甚至很可能對這些目標的認知和了解也有許多不同的詮釋。這些差異都需要以權力和影響力來化解方能維持組織的和諧。

　　組織內的決策常反映出各種社交情況和人際關係。因此，一個只有技術能力而無法掌握這些關係的經理人注定會成為組織中的「隱士」，只有極小的影響力來完成工作。

　　正如我們所知的，組織內有許多不同的權力來源，所以任何人都可能以某些方式去掌握權力。有時候這條通往權力的路在組織中會由職位來決定。有時候，權力則是來自一個人的個性和風采。此外，其他人依賴你手中的資源之程度也會影響到你潛在的權力。要變得真正具有影響力，你必須注意你可以運用的各種權力來源，並有效地利用它們來完成工作。

　　許多組織中的經理人員常認為自己沒有權力，但卻具有影響力。這是一種錯覺。如果他們有影響力，他們必然擁有權力，這種權力可能來自老闆對他的信任，或為表示偏愛而授予的特權。基本上，就是有某人把資訊或個人權力加諸在這些人身上而使他們具有影響力。

　　權和影響力的連結是不可分的。要有影響力，你

就要有能力去開發你可以得到的每一種權力資源。當
然，權力跟影響力有許多不同的等級。舉例而言，某人
可能只有十分小的權力但卻有極大的影響力（例如：
柴契爾夫人的顧問，前內閣部長威利‧惠特勞，Willie
Whitelaw），而另一些人可能自誇有龐大的權力資源
卻缺乏號召群眾的影響力。（例如：現任英國保守黨
政府的代理首相邁可‧赫索泰，他在1994年試圖強行
通過皇家郵局民營化的行動中失利）。

沒有影響力的權力

你可能空有權力而沒有影響力嗎？答案是肯定的。
事實上有一些人只是擁有權力，但卻不具有影響力。甲
可以驅使乙去做一些違背乙意願的事。在這種情況下，
權力機制被用於實現一個立即的目標以滿足單方的需
求。在這個基礎下，權力是一種相當粗糙、簡單、以完
成目標為主導的操作系統——許多傳聞顯示羅伯特‧麥
斯威爾正是以這種方法濫用權力。正因為它十分粗糙，
所以只對一些特定的情境，或某些公司文化、或一些特
定的意圖有效。

較精緻的權力運作必須包含影響力的使用。

影響力的六項基本法則

當我們要影響別人時，我們如何擬定策略呢？為了了解如何運用它，我們必須暫時先求助於社會心理學，希望能使我們更清楚地了解社會互動的基礎，以及為什麼人們會同意及聽從別人的要求。

社會心理學告訴我們，六個互有關聯的法則決定了每一個經理人運用影響力的成敗。簡單地說，它們包括：(1)對照、(2)承諾及一致性、(3)稀有價值、(4)社會認同、(5)好感與奉承、及(6)情緒。前三個法則（對照、承諾以及一致性、及稀有價值）是關於如何「定位」和看事情。[12] 這些法則強調提案呈現方式的重要性。後面的三個法則（社會認同、好感與奉承，以及情緒）則是關於別人的行為如何影響我們。這些法則強調在人際關係的層面上，處理個人的行為及別人的行為之重要性。

第一法則：對照

我們習慣以過去的經驗來評判現在。社會心理學家羅伯特・查迪尼（Robert Cialdini）[13] 稱之為對照效果，這種現象提供我們一個現成的工具去評估現在的計劃、事件或人員。舉例來說，在一個選拔的面試過程中，我們評估候選人某乙的表現往往會很明顯地受到前

一個候選人某甲的表現之影響。如果甲表現得很差，那麼乙平凡的表現在對照之下就會得到比他應得的更高的評價。

正如查迪尼的簡潔說明：「如果兩個事件的差距極大，我們會習慣性的更進一步地擴大這兩者間的差距。」[14] 查迪尼描述了對照法則如何在銷售中創造出好業績。如果一個人走入一間服裝店，打算買一組套裝和一件運動衫，有經驗的售貨員會先賣套裝給他。在買了比較貴的東西之後，顧客會覺得那運動衣看來似乎不那麼貴（縱使是一件較貴的運動衣）。相反地，如果比較便宜的項目先展示，相較之下較貴的項目在對照的線索下看起來會更貴。

房地產經紀人也會使用對照手法，也就是先展示那些標價高又沒有吸引力的房子。在看過這樣的房子後，買主會比較可能對一間較好，但仍然高價的房子表現出較高的購買意願，因為透過對照使這間房子看起來像是便宜貨。[15]

對照法則在工作上的影響力是十分明確。當我們提出計畫案時，一定要仔細考慮，與聽眾心中先前的印象相比，我們是否佔到便宜。[16] 因此，議程的排定非常重要。

所以對於可能成為你聽眾的人，一定要注意他們從前的經驗，因為那必然會成為比較的對照物。

第二法則：承諾及一致性

查迪尼認為，我們會有強烈的慾望去完成我們之前對決策或別人所許下的承諾。個人本身以及人際關係間的壓力，會使我們的行為盡可能為我們之前的決定辯護。[17]

他舉賽馬場的例子為證——在下了賭注之後，賭徒們往往比下注前更容易相信他們的馬贏的機會提高了。其實是同一匹馬、同一個騎師在同一條跑道上，事實上沒有任何事物改變了那匹馬獲勝的機會。但在賭徒的心中，在賭注下定的當下，賭注顯著地提高了期望值。 [18]

要從過去的認同中掙脫，我們就必須接受我們過去的想法是錯誤的，並且必須痛苦地重新估計從前的決定。

同時，在大眾面前心意不定常被視為優柔寡斷，而從未動搖的一致性則被視為領導者應有的特質。[19] 曾經有這麼一個說法，基斯·約瑟爵士（Sir Keith Joseph）從不曾成為英國保守黨領袖就是因為他高度的思維能力往往使他看清一個爭論中的兩面——所以他看起來優柔寡斷。反而是他的門生，在智能上沒那麼傑出的柴契爾夫人，卻因為她可以在爭論中一致地保持立場不變而成為英國首相。她的演講稿撰稿員常說：「鐵娘子是不會妥協的。」這也是基於相同的原因。

傑拉·沙林西克（Gerald Salincik）的說法，當

選擇是自願而沒有外在壓力時、當承諾公開的程度使責任無法逃避時、當改變承諾十分困難時、當承諾顯示對別人的忠誠時，心理學方面的證據顯示我們會被從前的承諾緊緊綁住。❷

在我們第一章的案例討論中，我們看到羅拉在市場佔有率上明顯的成就並沒有為她贏得認同。且不論重新規劃有多困難，有許多原因使詹姆斯不願承認羅拉的成就。首先，他必須承認他對於原先的計劃在最初決定時可能已經有了缺失。以及，這個決策不僅公開而且廣為人知，並且是在沒有外界壓力下做成的；更進一步的說，詹姆斯無法靠著撤離市場就輕易地擺脫他的困境。最後，承認決策錯誤將導致別人（包括他自己）質疑他的態度、價值、以及往後的商業能力。

費弗發現，承諾法則的許多要點可以在工作上用來影響別人。其一是：安排鎖定的目標對象去完成一件特殊的行動，不論這件事多麼微不足道。為了使行動在自願的情況下完成，這個行動必須由這個鎖定的目標對象樂於投入。❷ 舉例來說，這就是為什麼汽車業者鼓勵你試開汽車，同時也是製造業者願意將機械出租供人試用的原因。

另一個要點是：當一個承諾開始運作後，就很難停止——而且承諾的強度會隨著時間增強。舉例來說，柴契爾夫人對於人頭稅（嚴密檢查地方稅金的全國計畫）的承諾是絕對堅持，即使她最親近的圈內人一直忠告她

放棄，並且把責任丟到其他大臣身上。她甚至公開宣稱這項稅收是她個人的計畫，於是，這個大失人心的稅收制度便直接導致柴契爾夫人的下台。

一個更深層的要點是：你會因為別人提供你幫助而與他建立同盟關係。只要人們開始對你或你的計劃產生有義務的感覺，他們便會與你的成功息息相關，而且會焦急地避免你的行動有任何失敗。

第四點：只要我們幫對方保住面子，讓他們維持自我的一致性及完整性，我們就可以說服人們改變他們的承諾。舉例來說，羅拉也許可以在影響詹姆斯的嘗試上更為成功，如果她能設法讓詹姆斯不需要為他所從事的一系列不適當規劃負責——或辯護詹姆斯是受了外在壓力或錯誤的專家建議之影響。她可以強調這些因素必然會導致詹姆斯做出先前的決定，但是情況如今已經改變了，所以詹姆斯可以自由地採取不同的行動。羅拉最最不應該做的，就是去問（縱使只是含蓄地）：「為什麼詹姆斯會做出這些判斷失當的事？」

第三法則：稀有價值

查迪尼強調，較不常見的事物看起來會更有價值。[22] 所謂的稀有法則就是一種鼓勵別人抄捷徑來做判斷的手段。[23] 我們可以有效地依此操縱別人在做成決定前需要處理的資訊數量，因為一般人都相信難以取得的東

西總是比容易取得的東西為佳。

另外，讓稀有法則得以從容運作的一個因素是，人們討厭失去行動和選擇的自由。當這種自由被限制或受威脅時，人們會要求比受限制前有更多的自由——這也就是一般所謂的「反抗心理」。❷

查迪尼舉了一個簡單的例子來說明這種心理。當你在一個愉快的聊天中聽到電話鈴響，❷ 習慣上你會中斷談話去接那通來源不明的電話。因為打電話的人比那面對面聊天的伙伴來得「稀有」，你無法忽視那通電話，也不願錯失這通電話可能帶來的好處。

在銷售戰場上，有許多運用稀有法則的例子，例如獨家代理商店的限量特價商品或特別的紀念版本，總是可以吸引消費者購買。在八十年代，糕點糖果製造商卡伯利（Cadbury）的政策便是，在每年的某段期間內將銷售最佳的產品「奶油蛋糕」撤出市場，因而引發所謂的「草莓併發症」熱潮——這家公司明白，隨手可得的事物將喪失吸引力。同樣的情形也可以用來說明挖角心理，一個挖角得來的經理人員常會令人覺得比登廣告從眾多面試者當中選出的經理人員更有價值。

那麼，在職場上如何利用稀有法則來獲得影響力呢？費弗特別指出了兩種方法。❷

首先，無論你的計劃或建議是什麼，一定要讓人覺得它難得一見，而且有很多人正覬覦著它。舉例來說，

當你想要成功地爭取一個職位時，你要表現出有其他組織對你很有興趣，希望你儘快給他們答覆的樣子。

稀有法則也同樣可以用在訂價上。正如經濟學家所言，價格是品質的指標。這意味著價錢越高，你的產品看起來便顯得越珍貴及越吸引人。行銷學的建議是，提高清倉貨品的價格——售貨員經常在產品最後的期限前提高價錢。更進一步的例子可以在諮詢顧問公司的領域中看到——如果一位顧問的日薪很低，當公司考慮雇用顧問時，他們可能會很快地認定這個顧問的能力較差。

第四法則：社會認同

查迪尼指出，我們常依賴別人的意見和行為，來幫助我們確認在某些特殊的組織情境下，合適的意見及行為。這就是所謂的社會認同。❷⁷

當事情曖昧不明時，別人的意見就顯得更為重要。舉例而言，當你加入一家新公司，你完全不了解應該如何表現、公司有哪些特殊文化，以及你該如何處理你的工作。新加入公司的售貨員無從得知公司的銷售習慣，是對每個顧客死敲一筆，不管將來；還是盡其所能地建立互信的長期交易關係。在這種情況下，觀察其他人說什麼做什麼，會比依賴所謂的工作說明書來得重要。

這種從眾的習慣會令我們失去判斷真相的能力，並且推翻我們自己的判斷。舉例而言，我們經常聽到朋友

稱讚某家餐廳，而事實上那裏的菜色乏善可陳，而朋友的稱讚往往只因為那家餐廳曾在坊間的美食指南中得到很好的評價。同樣的，一位「徹底了解整個行業」，並表現得像是教學模範的售貨員卻可能不斷地失去顧客。

廣告總是喜歡用社會上的傑出人士來表示他們的產品也同樣傑出。例如，網球英雄安德瑞‧阿格西（Andre Agassi），被任命為百事可樂的代言人；或一級方程式賽車手奈吉爾‧曼塞爾（Nigel Mansell）為輪胎業宣傳。寄物處的服務員常常會留一些銅板在櫃檯的托盤上，表明他們也接受小費。在倫敦牛津街的購物區內，撲克牌騙子會利用同夥扮演贏錢的賭徒，來誘使貪心的過路人加入賭局。

OPM騙案中能扯進一些美國知名銀行和投資顧問公司，也再次證實了這一點。[23]首先，經理人員刻意地讓他們的公司跟績優公司，諸如前八大會計公司或知名的投資機構有生意往來。透過生意往來，OPM把這些績優公司的形象轉移到自身公司上，因而造成大眾認為他們比實際上更大更好。

同樣地，在我們第一章的個案研究中，羅拉因為太過躁進，沒有事先從各方面收集別人行為的資料。而這些資料可以引導她做出合適的行為去有效地影響詹姆斯。

費弗[24] 認為，與別人有相同的判斷不僅能增加我

們的社會認同度，同時也增加了我們的安全感。所謂物以類聚、人以群分，人們總是受到那些跟他們相近的人吸引。[30] 而且也可以因此減少我們在不熟悉的環境中花在搜集資料的功夫。[31] 舉例而言，在一個求職面試中，如果面試委員對某個應徵者有一致的看法，那麼面試委員就不會再花許多時間去評價這個應徵者的優缺點。據傳聞，在某些歷史悠久的英國大學中，意見一致是聘請教職員的重要考量，聘用學者的程序依賴對候選人有一致的意見，一旦共識產生，當事人不需任何正式的申請便被延攬到學校任職。

對於需要在曖昧不明的狀態下做出決定及採取行動的人而言，是有許多不確定性和壓力，這時候旁人的建議便有極大的影響力。[32] 共識一旦建立就很難再更改。在 1994 年爆發的英國保守黨醜聞案可作為例證。這事件起源於《衛報》在 1994 年十月揭發「國會為錢問政」開始。隨後的激烈反應導致了保守黨被視為一個污穢的政黨，並且造成數位政府高級官員的辭職，但最後證明保守黨是清白的。

費弗強調，運用「社會認同」法則在工作上來影響別人有三個主要概念：[43]

(1) 管理工作環境中的資訊絕對至關緊要。好的管理方式有下列幾種：首先，儘早參與決策過程。如果決策的共識已經建立，就很難再被改變；不只因為人們習慣於在公開場合堅守同一立場，同時也因為前後一致會令人相信他的立場是正確的。

(2) 許多經理人往往認為組織的決策是在很短的時間內決定的。事實上，社會認同法則指出，人們會花一段時間來形成共識。所以，運用一些手段讓人們逐漸接受某個觀點會比嘗試立即得到認同來得容易。

(3) 當你想在某個環境中發揮影響力時，最明智的做法就是儘可能地製造你的盟友，進而運用社會認同與輿論來打造影響力的基礎。最重要的是，讓大家相信你是對的，那麼你就可以有許多人為你的想法背書。

第五法則：好感與奉承

查迪尼指出，那些我們熟識而且有好感的人對我們有極大的影響力，同時，我們也希望能答應他們的要求。好感常在許多方面使我們接受別人的要求。查迪尼指出了一些建立好感的重要因素，其中包括：❹

族群相近

我們容易喜歡那些跟我們相似或有相同社會背景的人❺——舉例而言，提尼·羅蘭德這位商業投機客創辦了藍羅貿易王國，建立了一個來自私立學校與出身上流社會的形象，希望能得到在非洲殖民地的英國階級之歡心。羅伯特·麥斯威爾爲了要在英國商業機構中取得社會認同，甚至更改具有東歐風格的名字。在贏得別人接受我們的要求時，連服裝也十分重要——許多公司積極要求員工能投射某種特定的形象到外界——例如庫柏斯與里布蘭丹統計公司要求它的顧問穿深藍或深灰色的外褲及白色襯衣來維持安全、保守、穩當的形象；同樣的，IBM 希望男性員工穿著白色襯衫和海軍藍外褲。

外觀的魅力

有吸引力的人會顯得可愛而且爲人喜歡❻ ——希拉蕊爲了幫助丈夫的選舉，放棄了理智、充滿女性主義色彩的律師形象，轉型爲一個富有魅力的賢妻良母來影

響投票人。

傑瑞‧羅斯（Jerry Ross）和肯尼斯‧費瑞斯（Kenneth Ferris）曾經研究兩家公司的會計人員之薪水與工作評價。[37] 他們將會計人員的照片展示給不相干的人來評估他們的外觀吸引力。結果他們的發現外觀越是有吸引力的會計人員，獲得的工作評價就越高。

外觀吸引力若配合正確的行為，特別是討好或奉承，在影響別人的行為方面是非常強而有力的武器。

讚美與恭維

我們對那些喜歡我們及給我們正面評價的人會產生好感[38]——柴契爾夫人很顯然受那些經常討好稱讚她的部長大臣們之影響，例如塞西爾‧帕金森（Cecil Parkinson）之流。

恭維與奉承看起來也許是個明智的手段，但我們也要當心恭維與奉承也有被拒絕的可能。如果你相信一個對你的恭維發自真心，你會對自己及奉承你的人產生正面的評價。但如果你不相信那個恭維的真誠度，並認為它別有用心，你會感到不舒服，並且懷疑別人對你的評價（「我到底出了什麼問題，為什麼別人會認為我可以輕易被奉承所迷惑？」），你當然更不會對那個奉承你的人產生任何好感。所以，就某種意義來說，你的情緒會令你寧願相信所有的恭維都是真心的。

更細微但極有效的討好方式是關心別人並且給予回應。當這種關注來自較高的層級或地位時，會使你覺得自己的情緒受到上司的重視。想想看，一個地位比你高的人記得你生命中某些重要的細節時，會令你多高興。

接觸與合作

我們通常會喜歡那些我們比較熟悉的人，特別是我們要跟他們合作完成共同的任務或有相同的目標時，這可以逐漸發展出正面的情緒。職權社會心理學家莫沙佛·薛里夫（Muzafer Sherif）和他的夥伴們以實驗清晰地證實了這一點。[39] 在一個小男生的夏令營中，薛里夫和他的夥伴們首先將小朋友分成兩組，要他們住在不同的小屋、為自己的組別取不同的名字、並透過競爭性的遊戲來製造兩隊間的衝突。當兩組小孩重新放在一起時，心理學家安排了一個必須要透過合作才能完成的任務，而任務的結果對這些小男生極有吸引力。朝向共同目標的努力，成功地化解了這兩組小孩間的衝突。

接觸與熟悉也同樣可以產生好感——正如我們喜歡熟悉的環境，我們也比較喜歡熟悉的人。資深經理人員的挖角實務之研究顯示：被挖角的高級主管三分之二以上與他們的新公司早有接觸——也許是透過合資計畫、協商或其他方面已建立的網路。

各種不同的愉悅情緒也可以產生好感——舉例而言，分享一頓愉悅的商業午餐或一場歡樂的高爾夫球賽

等經驗都可以讓彼此產生好感。

正面事物的聯想

我們喜歡帶來好消息的人，並討厭帶來壞消息的人。[⑩]柴契爾夫人將羅德・楊恩視為她最喜愛的商人，因為他帶來的永遠是解答，而不會是問題。

讚美與恭維的法則在二十一世紀的扁平化組織中，對於影響別人有著更重要的意義。因為在扁平化組織中，官僚體制已經沒有意義，唯一有效的方法就是說服別人。

費弗[⑪] 指出，我們可以很明顯的發現，那些比較熱情、具同理心的經理人會比那些頑固而主觀性強的經理人更容易影響別人。

費弗同時指出，找到一些可以在你較陌生的團體中幫你背書的盟友極為重要。

讚美與恭維的法則同時也強調了解自己的重要性。只有了解自己，你才可能成功地運用恭維的技能來影響你的目標對象。

另外，這法則同時也強調了正確地判斷目標的重要性，這樣才可以採取合適的步驟來發揮你的影響力。

如果你能依照前述的一個或更多的法則來建立別人對你的好感，那麼在人際關係的影響力中，你已經擁有堅固的基礎了。

第六法則：情緒

費弗特別強調心情對我們的影響與理智同樣重要。情緒對影響力的重要性，他特別指出了三點。[42]

首先，要控制在眾人面前的情緒是可能的。他引用了《情緒管理》（The Managed Heart）一書[43]為例，阿理艾‧霍克希德（Arlie Hochschild）在書中提供了許多公司的例子，像是達美航空公司就以特定的幾個情緒表現做為選擇員工的標準。達美航空公司要求員工連續十五小時的飛行中或騷亂的狀態下保持笑容。同樣，迪斯耐樂園不但選擇那些先天有正面性格的員工，還嚴格地訓練他們去展示持久而且有感染力的歡樂。[44]今晚讀者就觀察一下電視台的新聞主播，你會看到他（她）如何以面部表情來配合新聞標題——為空難顯示憂鬱，為皇家婚禮表露笑容。

其次，別人的行為或多或少可以被我們表現的情緒所控制。換句話說，我們可以透過控制我們自己的情緒來影響別人的行為。舉例而言，提德（Tidd）和洛卡德（Lockard）曾透過雞尾酒女侍應的小費來研究笑容的效果，其中女侍應要招待 48 位男性和 48 位女性客人。雖然笑容對於他們點酒的杯數沒有影響，但小費的數量則大異其趣：燦爛的笑容獲得了超過二十美元的小費，而緊閉雙唇的女侍應生只賺到少於十美元的小費。

第三，情緒技能的運用可以透過學習來培養。運用

情緒顯然需要很強的自我控制及壓抑，還包括要對你想達到的目的及影響的對象有敏銳的認知。許多商業行政人員都努力訓練自己能隱藏真正的情緒。雷根總統在大眾媒體前是一個傑出的情緒操縱者，而尼克森總統及澳洲首相鮑柏‧霍克（Bob Hawke）也具有相同的能力。事實上，尼克森和霍克在電視機前製造眼淚的能力已經被稱為傳奇了。而柴契爾夫人則雇用市場行銷專才-—高登‧芮思（Gordon Reece）來為自己設計公共形象。

使用情緒來影響別人該注意那些重點呢？費弗特別強調了兩點。第一，情緒有讓你得到別人正面的看法或善意之潛力。人們往往喜歡對那些努力使別人愉快的人說「好」。

其次，隱藏情緒在任何談判中都極為重要，特別當情緒會把某個議題中重要的訊息以無言的方式洩露給對手時。

請注意，在管理的策略中能否成功地運用影響力，是由這六項法則的運作及互動來決定的。

本章概要

- ⊙ 本章著重於了解影響力的程序，並檢視影響力和權力之間的複雜關係。

- ⊙ 指出所有經理人都可以運用的七個權力機制，包括資源、資訊、專業技術、人際關係、脅迫、職位、及個人魅力。

- ⊙ 強調經理人可以用來活化權力的六個影響力法則，包括對照、承諾與一致性、稀有價值、社會認同、好感與奉承、及情緒。

- ⊙ 我們可以瞭解，能有效運用影響力的六個法則，表示經理人可以在現代化與相互依賴的組織中成功地活化權力並完成工作。

概念測驗

你是否了解如何有效地運用影響力與掌握你所控制的權力資源？

以「是」或「否」回答以下問題。答案在次頁頁底。

1. 在相互依賴的組織中，討好同僚是不划算的。

2. 經理人的權力及影響力取決於他們的職位。

3．經理人可以透過有效的影響力來獲取權力。

4．經理人可以在沒有權力的基礎下擁有影響力。

5．經理人可運用的權力資源至少有七種。

6．運用你的影響力也就是施展人際關係策略。

7．影響力明顯可見而且並不微妙。

8．經理人在評估提案時永遠會考量它們的內在價
　值，而不是把它們拿來跟其他最近經驗過的提
　案，或先前他們曾給過的承諾加以比較。

9．人際關係的因素，例如其他同僚如何做、他們
　想什麼、喜歡什麼，不會影響一位經理人客觀
　地評估提案的能力。

10.我們受情緒影響的程度跟理智的影響一樣。

答案：1.否、2.否、3.是、4.否、5.是、
　　　6.是、7.否、8.否、9.否、10.是。

個案研究

一個權力與影響力的問題

　　一年半過去了，雖然市場佔有率的實質成長並沒有得到詹姆斯的認同，羅拉仍然下定決心繼續向前。

　　她相信，透過市場佔有率的持續成長，她終究可以說服詹姆斯接納她的積極進取。沒有事情可以停止她——畢竟，她現在有了她一直想得到的職位和衍生而來的職權。

　　羅拉研擬了一些重要的計劃。其中之一是建立高貴的形象，並且透過緊湊的公關活動來提升品牌的認同度。要進行這個計劃，羅拉需要一個有豐富商業閱歷的公關經理。

　　現任的公關經理法蘭克·司蓋斯是個守舊派，對他而言，公關的工作就是找他在大眾媒體工作的好朋友，將自己要發表的新聞稿交給他們發表，而且因為公關們常常有在午餐時討論事情與建立一些社交網路的習慣，所以司蓋斯認為這些事情都該在午餐前完成。現代讀者的品味、「評論式的廣告」以及獨家專訪對他而言是完全陌生的。在這家公司待了超過二十五年，法蘭克既沒有興趣也沒有能力去從事這些新的角色。事實上，他也坦率地向羅拉承認這個事實。

　　羅拉認為，如果法蘭克無法提昇自己來面對新挑戰的話，他實在是個昂貴的冗員，所以羅拉決定辭退他，並另請高明。

　　隨後在詹姆斯的會議中，羅拉以客觀與商業的角度說明新的定位及該解雇法蘭克的理由。令羅拉非常吃驚的是，詹姆斯似乎有點不願意接受這個建議。詹姆斯指出法蘭克在海軍和他一同服役，而且法蘭克對國家的極度忠誠如今正表現在對公司的態度上。然後，詹姆斯便驟然地結束會議。

　　在他們下一次的會議時，詹姆斯告訴羅拉，他們的公司是一個有愛心的公司，對於在公司長期服務的職員，絕不能因為他在工作上有什麼不適任的徵兆便將他解雇。詹姆斯警告羅拉絕對不要再提出任何跟解雇司蓋斯有關的言論。

　　羅拉對於她的提案沒有被同意感到非常難以理解。她覺得身為行銷主管，她的建議應該被總經理支持——畢竟，她的提案來自周密而具商業觀的分析，而且這些提案的目的是為公司創造更大的利益。何況司蓋斯本人也明白承認他並不適合這項新任務。

檢討

1. 羅拉做錯了什麼？

2. 在辭退司蓋斯的問題上，羅拉可以如何運用她

的影響力來提升權力以贏得詹姆斯的同意？

摘要

◎ 認清有那些人與你相互依賴。

◎ 避免只依賴職權。

◎ 確認你手中可以操控的權力機制。

◎ 透過影響別人來運用你的權力。

◎ 在提報建議時，應管理好對照性、稀有性等背景因素，以產生更大的影響力。

◎ 在人際關係的層面上，控制與管理好你自己的行為與別人的行為，以促進影響力。

實踐方法

1. 重新探討現在你會如何使上司同意你的提案。

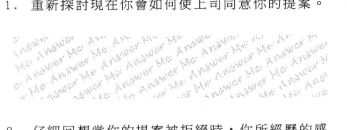

2. 仔細回想當你的提案被拒絕時，你所經歷的感受。

3. 找出一個能使你用到本章討論的權力及影響力法則之提案。

4. 確認你的提案能執行成功所須依賴的人。

5. 若上述提案付諸執行，你可以應用的權力資源
是什麼？試逐一列出。

6. 你會如何提報你的提案，以符合情況的要求？
你的提案會跟哪些過去的提案比較？從前是否
有過哪些承諾？

7. 開始在同僚中建立支持你的提案之共識。

8. 試圖博取那些主要決策者的欣賞，或努力去討
好他們。

9. 練習隱藏並控制你的情緒，只表現出那些對你達到目標有利的情緒。

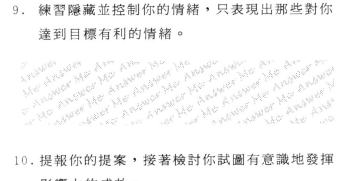

10. 提報你的提案，接著檢討你試圖有意識地發揮影響力的成效。

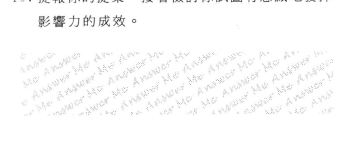

第三章

第一步—認識自己

◆ 自我評估

◆ 啓動影響力：你是誰？你創造出何種形象？

◆ 自我教育的第一步：有系統的形象管理

◆ 你要達成什麼？

◆ 達成目標的彈性

◆ 你能夠承受這種步調嗎？

◆ 本章概要

◆ 概念測驗

◆ 個案研究

◆ 摘要

◆ 實踐方法

　　本章探討自我察覺與發揮成功的影響力之間的關係，並討論信念、價值觀、假設、以及待人處事的風格如何影響你對別人發揮影響力。本章指出，為了控制並運用你投射給別人（那些你遇到並且需要去影響的人）的形象，你應該有意識地管理這些元素。

　　本章強調，你必須非常清楚你想要達到的目標，俾能徹底的利用你對於個人整體形象的控制。為了將精力集中在你的目標上，你必須學習把你的情緒放到一邊。

　　想要達成你的長程目標，靈活變通的能力很重要，特別是為了扮演一個不具威脅性、且默默工作的人，你必須學著隱藏自我。

　　本章末了討論為何個人的能量、身體的精力、以及意志上的耐力都是運用影響力的成敗關鍵。

自我評估

你如何完成事情？

　　這個自我評估是個有用的工具，可以用來了解你自己以及了解你的假設、信念與態度如何左右你發揮影響力的能力。此外，這個評鑑也有助於發掘出那些你認為在組織中完成任務與推動工作非常重要的要素。

對於下列每一項陳述，圈選最接近你的態度之數字。

陳述	不同意		中立	同意	
	非常	部分	中立	部分	非常
1. 控制別人的最佳方法是告訴他們那些他們想聽的東西。	1	2	3	4	5
2. 當你要某人幫你去做某件事時，最好告訴他真正的原因，而不是那些也許更適當的理由。	1	2	3	4	5
3. 任何人若是完全相信另一人，就是自找麻煩。	1	2	3	4	5
4. 如果無法四處抄捷徑，則很難獲得成功。	1	2	3	4	5
5. 最安全的態度是，假設所有人都有邪惡的傾向，而且一有機會就會顯現。	1	2	3	4	5
6. 人們應該只表現出那些符合道德標準的行為。	1	2	3	4	5
7. 大部份的人基本上都是善良的。	1	2	3	4	5
8. 對別人說謊是不可原諒的。	1	2	3	4	5
9. 相對於財務上的損失，大多數人較容易忘懷父親的死。	1	2	3	4	5
10. 一般而言，除非受到強迫，否則大部份的人不會努力工作。	1	2	3	4	5

把第 1,3,4,5,9 及 10 等問題中你所圈的數字加起來，再將另外四題的答案數字反過來，也就是說5變成1，4變成2，2變成4，1變成5。然後把兩組數字加總便是你的分數。

這個關於態度與假設的分數指出，你認為在組織中有助於完成任務的眾多要素之相對重要性。

較低的分數（低於 25 分），表示你傾向於假設與相信在人際關係中表現出諸如坦白、信任、客觀、或支持等人道主義特質，可以增進管理效能。

較高的分數（高於25分），表示你的行為較務實，你較相信權術是成功的關鍵，也表示你對情緒有較好的控制能力，與別人的情感距離較大，以及你認為結果比手段重要。

在算出你的分數之後，回答下列問題：

1. 試舉一實例，說明你做事的方式證實無效率，是因為你對於如何在組織內推動工作的假設是錯的。

2. 試分析為什麼你的方法無效。例如，你是否對

於何者對你的目標最為重要做出了錯誤的假設？你是否無法建立一個好形象？你的目標是否不清楚？

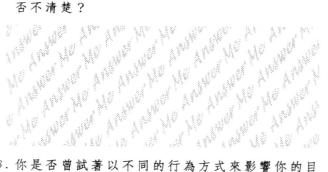

3. 你是否曾試著以不同的行為方式來影響你的目標對象？

進一步討論

這個評鑑是用來幫助你分析你有哪些信念、價值觀、以及假設，以及它們如何左右你在工作上運用影響力。你可能會覺得你的行事風格在某些情境有效，在其它情境卻妨礙了你。

這個練習明確地指出，你要對你在人際關係中的行為有所警覺，這樣你才能將正確的形象傳給你所重視與需要影響的人。

啓動影響力

你是誰？你創造出何種形象？

要變得擁有影響力，你必須知道你是誰，以及同樣重要的，你的信念、價值觀、以及假設是什麼。信念、價值觀和假設決定了我們的行事風格、行為舉止、以及我們做事的正確方式。在我們嘗試影響別人時，它們就暗中塑造了我們給別人的印象。

大多數的人都不善於檢視自己的基本信念和假設——這使人們難以理解他們的信念如何阻礙影響力的發揮。同樣的，學習如何診斷信念、價值觀、以及假設，可以幫助你發現從前沒有察覺的資源，並且增加可以影響別人的策略與風格。

面對困難的問題時，柔化自己的個人風格非常重要。正如通用汽車的執行長羅傑‧史密斯（Roger Smith）對商業週刊雜誌所說的：

> 我終於開始瞭解，為了公司的利益，我將必須改變我從前做事的方法。從前，我習慣於單獨做決定，然後直接告訴別人完成任務的方法。現在，我會坐下來與我們的團隊共同做決策。……我花更多的時間將管理的責任分發出去。但我必須承認，這樣的工作形式使我們做出更好的決

策。❶

換句話說，為了更成功地影響別人，羅傑・史密斯必須重新檢視他的信念、假設、以及認為完成工作有哪些正確方法的態度。

信念、價值觀、和假設如何左右我們影響別人（以贏得對我們的目標之認同）的成敗呢？

與人接觸時，我們無意中展現的風格表達了我們的價值觀和態度。但這種風格對於所有的情況不一定都有效。有意識地管理我們在人際關係中的行為，可以使我們主動地控制我們的形象。

受人尊敬的社會學家厄溫・高夫曼（Erving Goffman）稱這種有意識的形象管理程序為「日常生活的自我演出」。❷ 高夫曼認為，我們日常生活中的行為與劇場的演出有相當多的共通點。但是與劇場演員不一樣的是，一個影響者的工作是去投射並維持一個為了達成目標而製造的特定形象，以此形象來影響相關人士去遵從影響者的要求。高夫曼稱這種行為是「定義情境」(defining the situation)。❸

高夫曼視所有的互動為「演出」：

　　「演出」可以定義為，特定的參與者在特定的情況下以任何方式影響任何參與者的所有活動。❹ 他認為，人們在這些演出中扮演某些角

色及固定戲碼，以便在已知的社交場合中發揮影
響力。❺

　　因此，成功地發揮影響力，要有意識地認清你所投
射的形象，以及明白對何種環境及何種對象要展現何種
風格。眞正成功的影響者會讓他們的行爲風格（投射
的自我形象）去配合別人知覺到的自我形象
（perceived self — image）。

　　爲英國首相服務最久的新聞秘書，柏納‧殷爾姆爵
士（Sir Bernard Ingham），提供了絕佳的範例。這
位有著「火山性格」且豪爽的約克郡人，經由小心調
整他投射的自我形象去配合柴契爾夫人所知覺到的自我
形象，而能對這位英國首相產生極大的影響力。❻柴契
爾夫人認爲自己是一個「能做」（can do）的政治家，
所以她希望周圍的人都能以「能做」來回應她，而不
是以「無法完成」的八股公文來回應她。殷爾姆演出
柴契爾夫人知覺到的自我形象來回應她。

　　　柏納‧殷爾姆是她身邊最「能做」的公務員
　　之一。儘管看起來豪爽，殷爾姆卻擁有與外形不
　　相襯的敏銳觸角。這些觸角可以在極短的時間內
　　正確的察覺柴契爾夫人是何種類型的政治家。❼

正式的學術研究已強化了這個論點，即對於別人展現自我的方式之敏銳察覺及利用此等洞察來調整展現自我形象的策略，可以驚人地改善需要與別人溝通的工作成效。[8] 這類研究指出，形象管理在二十一世紀扁平化的組織中尤其重要，因為在這樣的組織結構中，對於經理人要完成工作的能力來說，說服力至關緊要。

在哈佛商業評論的採訪稿中，美國聯訊引擎公司（在航空系統、汽車零件、及化學等產品達一百三十億美元的製造商）的總裁及執行長勞倫斯‧包希迪認為，最好的人材是優秀的溝通者和說服者，以及對人的議題極感興趣的人：

> 今日的公司與我成長時的那種舊式官僚體制已經完全不同了。如今每個個體與每個團體之間跨職務的聯繫已日趨重要，它們是溝通與商業活動的管道。經理人傳統的權力基礎已經受到侵蝕了。在過去，我們習慣於獎賞那些在辦公室角落單打獨鬥而獲得良好成效的工作人員，即使這種行為對公司內部有害。那樣的日子已經過去了，我們需要的人要有好的說服力，而不是只會吼出命令。他們要知道如何誘導員工與建立共識。今天，經理人能增加價值的是調解人際問題，而不是掌管權力。這對於如何定義「最佳」的主管人選，是一大衝擊。

不要誤會我的意思。我們要的不是鄉愿。……競爭是殘酷的，需要腦筋去取勝。我們要找的聰明人，不但對別人感興趣，並且可以讓一同工作的人得到精神上的滿足。❾

要呈現一個特定的形象，很可能需要你完整地重新估價你個人的信念、價值觀、及態度。你也許認爲爲了擁有某些影響力而這樣做的代價太大了，不值得。讓我們以戴安娜王妃爲例：在 1995 年 BBC TV 的節目《全景》（Panorama）訪問中，王妃讓全球兩千四百萬觀眾了解，爲了在公衆面前展現童話般婚姻的形象，成本實在太大了——大到她企圖自殺的地步。換句話說，戴安娜王妃認爲，不值得爲了成爲皇室家族的成員，而否定自我、犧牲個人的價值觀。

形象管理的另一重要關鍵是，避免被人察覺你在「演戲」，也就是「裝腔作勢」。想要成功，你呈現的自己要與別人對你的認知相稱。❿ 我們可以利用柴契爾夫人在 1979 年大選中，人氣急升而獲勝的例子來說明這個觀念：

當工黨政府必須爲飛漲的物價負責時，一位對物價飛漲深痛惡絕的女性反對黨領袖突然間變得十分有吸引力。她所要做的便是在公衆面前表現出一個家庭主婦的角色。同樣地，在公共事業

費用帳單的飛漲中，她只需暗示主婦的工作就是控制預算，以及很少英國男人可以做到這點。❶

形象與「真實的自我」間的一致性可以透過或修改形象，或比較少見地修改「真實的自我」來達成。柴契爾夫人兩者都做了，正如她的選舉委員與傳記作者安德魯・湯姆森（Andrew Thomson）所述：

　　她完全明白——也許因為是一個女性首相而比大多數的男性首相更加明白——她是一個需要行銷的「商品」。因此，柴契爾夫人時時自問是不是投射出正確的個人形象。拿她 1975 年所拍的照片跟她在 1979 年間經過大選成為保守黨領袖之後的照片相比，便可以發現這個事實——她做了牙套；她改變了她的髮型，使它有一個溫和的線條以便去掉具有嚴肅特質的線條；她同時還柔化了她說話的音調。……她重覆地一遍又一遍地練習，在 1987 年大選前，她更請來一位外型顧問與她討論服裝和造型。❷

但她的「真實自我」也同樣需要修改——湯姆森寫到，當她成為首相時：「……在剛開始的幾個月，她有時會因為行政人員與內閣官員爭相發表意見而被癱瘓在唐寧街 10 號的首相官邸內。」❸

柏納・殷爾姆，她傑出的形象顧問，幫她脫離了這種困境：

> ……殷爾姆將柴契爾夫人的本質展現給媒體。他嘲笑政策大轉彎的想法，看不起懦弱無能的內閣。刪減政府預定增加支出的提案遭到全面批評？要是不能找到刪減之道，她就只好親自動手。看看殷爾姆在媒體面前創造的形象，一副有隻失控的母老虎在倫敦的官府大道（Whitehall）上亂逛，這個影象令人心生恐懼地認為，如果有任何人不慎與她相遇，會在被她看到的同時一口被她咬死。……不到三年的時間，柴契爾夫人便完全融入這個形象。❹

擁有維京王國的李察・布朗森是另一個傑出的例子。他十分善於表現出符合人們對他想像的樣子——換句話說，他的形象是逼真的，完全沒有破綻。他敞開衣領的風格，羊毛製的套頭上衣，謙虛不做作的聲音，加上由他在諾亭山（Notting Hill）小鎮式的家居生活和住於邁達谷（Maida Vale）的船屋所組成沒有官僚體制的商業王國，在在顯示出一個誠實及重視公益的商業形象。❺ 他盡力維持這個形象：

> 維京可以說建立在布朗森個人的管理能力和

辦事能力上。……一種幾乎刻意的禁慾氣氛，不求回報的信念———由布朗森自身無意識地擴延到整家公司。他對於財富象徵或消費派頭那種全然漠不關心的態度，提供了一個不易察覺但有力且具示範的效果，同時抑制了經常出現的那些對職位和薪水的爭議。布朗森不加修飾的外觀，對物質享受的漠視，以及他把錢花在公司而非名牌服飾或加長型豪華轎車的這些事實，建立了維京的基調。如果布朗森本人開著一台破車，看起來好像別人沒有道理為自己要求其他東西。❶

也就是這個形象誤導了羅德‧金恩（Lord King）。在羅德‧金恩擔任英國航空公司的總裁時，低估了這位後來在1983年以維京大西洋（Virgin Atlantic）進入國際航空生意的布朗森。正如羅德‧金恩隨後談到：

　　如果李察‧布朗森戴一副不鏽鋼框的眼鏡，並且剃掉他的鬍子，我就會認真些來看待他。❷

當投射的形象與被認定的真實自我相距太遠時，形象管理就會失敗。美國第一夫人希拉蕊的例子便是一個絕佳的說明。為了幫助丈夫贏得總統大選，她將自己從一個激烈的女性主義者、戴著眼鏡的律師轉變成富有魅

力、善於打扮的職業婦女。大多數的選民和政治評論家都一致認為這個外形變化是可以接受的，並認為這相對地更接近希拉蕊的真實自我。為了還擊隨後有人說柯林頓是因為身為希拉蕊的丈夫才能成為總統的批評，這位第一夫人又將自己的角色轉變為支援性的妻子和母親，並配合柔順的裝扮。但一般來說，由於她傑出的背景，特別是在醫療改革方面的企圖心，這個新形象顯得令人難以相信。因此其影響力也相對減少。相對於希拉蕊想塑造出賢妻良母形象的意圖，前第一夫人芭芭拉‧布希看起來則老得可以當喬治‧布希的母親！

許多經理人在試圖了解自己及管理他們創造出來的形象時，遭遇到相當大的困難。在第一章，我們推翻了經理人是專業導向、理智、且善於分析的迷思，同時也談到溫和、直覺、及洞察力的重要性。

有證據顯示，超過百分之六十八的第一線經理人以及百分之四十七的資深經理人仍然落入理智／分析的類型。[10]這些經理人對自己的行為或別人的行為一點興趣都沒有——他們認為，主導行動的應該是客觀的技術性事實而非主觀的價值規範。但這種管理上的短視終將會妨礙他們達成目標。

例如，在我們的個案研究中，羅拉因為對自己缺乏了解，而導致她無法展現出最好的一面，也使她無法選用一個符合總經理詹姆斯需要的影響力策略。為什麼？羅拉認為詹姆斯會受到理性以及專業知識的影響。因

此，羅拉就很理性地宣稱她希望成爲總經理。如果她曾謹慎地了解她所面對的人和環境，也許可以更成功地扮演默默工作的人。

自我教育的第一步

有系統的形象管理

爲了使你具有影響力，在與人交往上你應該以發展出多樣風格爲目標。只依賴一兩種待人處事的風格也許可以在某些狀況下成功，但無法保證在所有情況下都可以獲得成功。對於大多數的人而言，因爲習慣於依賴曾經有效的一兩種態度，要表現出多樣化的行爲並不是那麼容易。

本章開始的自我評估練習，有助於弄清楚過去你依賴與善長使用的方式。在二十一世紀扁平化與互相依賴的組織結構中，那些方法肯定不足以應付你每日工作中所遭遇到的各種不同情境下的問題。

你該如何開始建立與管理你所希望傳遞的形象呢？首先，你必須有意識且有系統地計畫如何與別人互動。這個有系統的計劃包括建立一個正面的自我形象，以及對於形象管理的過程有一個清晰的認識。

建立一個正面的自我形象

在成功的形象管理中，正面的自我形象極為重要。在你與別人互動時，它讓你相信你有能力掌握彼此的關係。「I am OK！」[1]的態度所展現的，正是這種自信心。[19]

莫瑞・季德漢（Maureen Guirdham）將自我形象解釋為心理圖像，勾畫出我們自認為是何種人。[20] 自我形象有兩個向度：真實／理想向度和個人／社會向度。下圖顯示出這兩個向度組合起來形成自我形象的四個面向。[21]

圖二　自我形象的四個面向

	真實面	理想面
個人認同	我如何真實地看待自己	我希望我是一個怎麼樣的人
社會認同	我相信別人如何看待我	我希望別人如何看我

（本圖取自1990年出版，莫瑞・季德漢《工作中的人際溝通技能》（Interpersonal Skill at Work）一書。）

---

[1] 譯注：「I am OK！」一詞取材自1967年出版，Harris, Thomas Anthony 撰寫關於人際關係的名著《I'm OK, you're OK》，其書名後來成為常用語。

在個人及社會認同的真實面和理想面可能有一些不一致的地方。如果這些不一致並不嚴重，並且當事人表示願意加以改善的話，那麼這種差距是可以為人接受的。❷

季德漢指出，在差距過大時就會造成問題。❷ 如果理想形象比真實形象低許多——換句話說，也就是低度自尊——常會阻礙你達成目標。你會不敢表達你的要求，你會避免面質一些特定的人或情境，並且由於別人會以你對自己的態度來看待你，因此你的自我概念會產生自證預言的現象。

另一個極端也是同樣糟糕，由於對自己評價過高，你可能會犯下不願意聽取旁人意見的社交大忌。

要擁有正面的自我形象，就要以正面的態度去思考及行動。

了解與形象管理相關的要素

一旦開始發展正面的自我形象，你便可以自覺地開始控制你想傳遞給別人的印象。要成功地處理這個過程，你必須了解以下的要素。

圖三　形象管理的要素

```
┌─────────────────────────────────────────────┐
│                                               │
│   ⊙  定義情境                                  │
│                                               │
│   ⊙  決定致勝的第一步                          │
│                                               │
│   ⊙  維持表面形象                              │
│                                               │
│   ⊙  要圓滑──讓別人也可以保有表面形象          │
│                                               │
│   ⊙  操縱你傳遞的資訊量                        │
│                                               │
│   ⊙  掌控與目標對象接觸的層次和型式            │
│                                               │
│   ⊙  循序漸進                                  │
│                                               │
│   ⊙  採用一些語意模糊的話                      │
│                                               │
└─────────────────────────────────────────────┘
```

（本表以高夫曼的《日常生活的自我演出》（Presentation of Self in Everyday Life）爲基礎）

定義情境

　　正如高夫曼所言，我們每天與別人的會面都是用來支撐對情境的特殊定義。㉔　所以在任何想影響別人的意圖中，首要目標便是確保你對情境投射出合適且清楚的定義，並讓你的行爲支持這個定義。例如，在求職面試中，你的行爲要著重於製造讓人覺得你是這份工作不二人選的要點上。

決定致勝的第一步

你必須非常清楚互動的基礎是什麼。[25]繼續上述求職面試的例子，應徵者給人的第一印象就讓人知道應徵者把主考官視為同伴、上司、或部屬。如果你的態度令對方難以接受的話，整個面試就毀了。舉例而言，一位資深經理人在面試一個十八歲的社會新鮮人時，絕對不會在被視為同伴之後而對此人留下良好的印象。

維持表面形象

要投射與支撐特定情境的特殊定義，需要有維護表面形象的能力。所謂表面形象指的是我們投射給觀眾及外在世界的樣子。[26]

再回到面試的場景，應徵者會儘量維護表面形象——也就是投射出一個完全符合該工作的形象——透過強調合適的正面部分及隱藏不適任的負面部分。

在世界的舞台上，俄羅斯總統葉爾辛的例子說明了喪失形象、扯下面具及被揭開偽裝的危險性。葉爾辛非常努力將自己塑造成一個世界強權領袖的形象，然而在一次前往德國的官方訪問中，露出醉態，甚至在飛行途中，過度酗酒以至於飛機經過愛爾蘭機場時，無法下機進行官方的探訪，就扯下了他建立的面具。

要圓滑——讓別人也可以保有表面形象

　　許多有高度專業知識的經理人，常會對於知識背景較差的同事所做的貢獻表現出輕蔑的態度，不論那些同事擔任較高、同等或較低的職位。這些輕蔑的態度常被視為不夠練達與過於功利取向。換句話說，他們因為令別人無法維護個人形象，而放棄了有效運用影響力的機會。[27] 如果不夠圓滑，你永遠不能有效地影響別人。

　　柯林頓總統在 1995 年赴北愛爾蘭的訪問中，充分展示了形象管理方面的才能，他不斷地與所有他遇見的市民們做眼神的交流，並對他們所說的話表現出專注的樣子。換句話說，他讓街上的市民在和平的程序下感受到他們自己個人的重要性。

　　在葉爾辛的例子中，儘管他無法下機會見愛爾蘭高層（他們在機外耐心等候），然而愛爾蘭當局仍以葉爾辛因為之前的美國之行體力透支為理由為葉爾辛保住面子。對於愛爾蘭來說，說出真相並無任何好處。

操縱你傳遞的資訊量

　　透過操縱你傳遞的資訊量，你可以更成功地控制你的自我形象。

　　李察‧布朗森在資訊輸出量的控制上是個專家。他在商務會議中會控制資訊的輸出量，並以這個策略來了解商業對手的意圖：

　　布朗森十分善於虛張聲勢。透過正確地運用點頭、嘀嘀咕咕和意味深長的沉默，他可以讓別人以為他知道的遠比他實際知道的多，不管話題是哪位音樂家或樂手錄製了什麼，或為了符合德國的著作權法最適合出版什麼東西。這使他有時間跟更老練的協商者交涉，在那段時間中，他可以搞清楚事物的價值，以及該堅持的事物。㉔

　　相對的，身價極高、主攻年輕人市場的珠寶設計師傑拉德‧拉特納（Gerald Ratner）公然對外界聲稱：「馬莎百貨中的蝦子三明治比（他）店裏任何的產品更為持久。」透過這件事，拉特納就在一個毫無防備的餐後談話中毀了以他來命名的公司。

掌控與目標對象接觸的層次和型式

　　柯林頓在 1995 年往愛爾蘭進行和平外交使命時，展現了他對這種掌控之重要性的體認。在訪問一間工廠時，他選擇工作間為第一站，直接會見那些尚未換下工作服的員工。這個舉動立即成功地建立起移情作用，贏得員工的認同。同樣，他透過一個事先計劃好，但看起來像是偶然的機會在一家咖啡館「偶然」遇見正要離開的格雷‧亞當斯（Gerry Adams）[2]，順利地去除在公開場合與亞當斯初次會面可能造成的衝突。

---

[2] 譯注：　愛爾蘭新芬黨領袖

在商業社會中，如果你過於公開或頻繁地與某些特定人士談話，就可能使你失去你的職權及獨立性。正如丹尼斯‧柴契爾[3]所言：「鯨魚只有在噴水時才會遭到獵捕。」

循序漸進

大多數的互動需要一系列的進程階段——舉例而言，在通電話時，人們會從一些閒談開始，漸漸引入正題，到最後的結尾；或在商業會談中，那些打破沈默的社交性閒聊；以及在求職面試中：「你那次的旅行怎麼樣？」這一類無關主題的談話。要注意的是，想令人不覺得突兀地隨著你的引導而進到不同的階段，是需要花精神練習的。

最可能令人覺得突兀的原因是，當下的情境被你重新定義，因此又要重新協商相關的細節。

解決之道便是循序漸進。如果一個男生要約女生出遊，與其開門見山地問：「你週六要不要跟我一起去演唱會？」，倒不如問問看她知不知道星期六有演唱會——如果她回答說：「知道呀，我好想去喲。」那麼他就有機會去買兩張入場券了。

採用一些語意模糊的話

如果你對於想影響的對象不太熟悉，或你不清楚這位目標對象對你的提案有何反應時，你最好說些語意模

---

[3] 譯注：　英國前首相柴契爾夫人的丈夫

糊的話。以含蓄的方法來表達你的建議，比清晰詳盡的要求或邀請來得好，至少你可以避開要求被拒絕時的尷尬處境。

在我們的個案研究中，羅拉對詹姆斯論及可能解雇司蓋斯時，可以這麼說：「有些人跟我說，公關經理的職務對司蓋斯而言十分吃力，但……」如果詹姆斯回答：「我想你會同意司蓋斯應該得到我們的全力支持。」羅拉接著就應該和應說；「對呀，我也認為他是個好人，我真的很願意跟他一起努力，來克服他可能遇到的問題。」透過論及「有些人」，羅拉就可以把自己放到一個較遠的位置；而模稜兩可的「但……」有助於保住她的面子。反之，如果詹姆斯接受了羅拉對司蓋斯的看法，那麼兩個當事人就可以當做沒這個字了。

形象管理的崩潰

成功的影響者必須注意可能對成功形象管理造成干擾的潛在危機。[29]

心不在焉

你是否曾在跟你想影響的對象交談時，發現你的思緒飄到其他問題上，而令你失去了專注？這種心不在焉的現象給了對方一個意義明確的訊號——意味著你既不關心談話的內容，也不重視他。

如果你努力地想讓對方覺得你很重視他，那麼不管在什麼情形下你都要堅守這個立場。後來成為赫頓（E．F．Hutton，經濟分析公司）董事長的喬治·包爾（George Ball）還在經紀部門工作時，他透過對所有員工殷切的關懷建立了一個強而有力的權力基礎。他記得他們生活中的每一個細節，並且無論在任何情況下都努力維持這種關懷的形象。

前赫頓的會計業務主管說：「包爾有一種神奇的能力，就是他可以記住所有跟你有關的事情。他討好你、他奉承你、他令你覺得你是特別的」。在第一次認識包爾的幾年後，我在銷售會議中無意間遇到他。由於我不相信他還能認得我，於是我打算主動前去重新自我介紹，但其實是不必要的。沒多久包爾就發現我並與我握手，直呼我太太的名字，問道：「嗨，貝琪和你的寶寶們最近怎麼樣？」[30]

過份介意人際關係

過於羞怯會令你顯得神經質而且行為笨拙——幾乎可以肯定你會做出令人尷尬的事，特別是你正想讓人覺得你對某個主題有興趣時。

這種狀態常會出現在你過份介意別人的地位，或當

他對你有著性吸引力時。這會以無法掌握時機（舉例而言，兩個人同時發言）或講話太快而被察覺（這就是常見的說話前忘了想清楚症候群）。

羅伯特‧麥斯威爾有一個獨到的方法來避免被別人高貴的身份所恫嚇：「『當我面臨有權勢的人時，』他很高興地說明：『我提醒自己，所有人都要大小便。』」❸

如果你既羞怯又過於在意對方，那麼這個互動過程將毀於自己太在意的困境。

所有這些問題都是因為缺乏技能，以及更基本的原因——缺乏情緒上的自我訓練。形象管理要你控制你的情緒，而不是讓情緒控制你。我們將會在情緒管理的其它要素中談到。如果想你成功地管理形象，你就必須控制自己。接著，我們先談談其它要素。

你想達成什麼？

自我察覺可以清楚的描繪出你想達成的目標，然後透過形象管理去達成發揮影響力的目的。回溯人類歷史，所有偉大的影響者都專注於一個特定的目標上。這種專注可以避免將你有限的能量和時間浪費在那些不必要的事務上。❸

專注於一個特定的目標是說易行難的。只企圖運用

影響力在單一目標上聽起來頗不尋常——在現實生活中，常常會有許多不同的目標，此時的關鍵在於排出優先順序的技能。

林登‧詹森對於總統職權的追求可為一例。[33] 他在年輕時所經歷的經濟困境使他迫切地需要經濟上的安全感。在 1940 年代初期，當他還是美國國會民主黨的德州參議員時，他被邀請參加一項石油交易，是一個十分吸引人而且可以得到大量金錢的機會；但是，他拒絕了那個交易，立定心志絕不與石油工業掛勾，這個決定使他無法在有豐富石油產能的德州再次當選。然而，就長線而言，這樣的聯繫必然會造成他參選總統時的障礙。換句話說，詹森一心一意專注在他的首要目的——總統大選，因此將次要目的——經濟上的安全感放到第二線。

約翰‧柯特（John Kotter）指出，在商業中，同樣的原則顯示出：成功的總經理總是習慣於將焦點集中在相同領域中的單一公司。集中精力於特定領域可以大幅深耕他們的專業知識。[34]

不容易專注於一個特定目標的另一個原因是：你的情緒常常在工作中受到某個計劃的干擾或過度投入工作的某個面向。個人的自傲、忠誠、以及時間上的大量投資很容易使這焦點變得模糊。[35]

控制情緒的重點在於辨識它們並且接受它們的正當性，但同時要正確地運用它們來提升你設定目標的能

力。你的第一步可以從依據較大的目標來列出個人的課題開始。

　　馬里奧‧普蘇（Mario Puzo）電影中的《教父》為情緒控制提供了一個傑出的例子。他對於保護及提升家族事業的利益有著強烈的關注，但是，從不讓這些情緒影響他達成他的主要目標。相反的，他引導他的情緒，並採用可能會造成短期傷害，但最終會提高他的權力基礎之決策。電影將他專注於事業關鍵目標的能力，總結為他的口頭禪：「這無關個人，純粹是生意。」❸

　　先前的承諾以及個人精力的投注等影響我們已經討論過了。成功的影響者必須十分重視這些問題，而且在某些情況下，為了顧及將來更大的權力必須放棄一些他們已投入大量時間、精力及金錢的計劃。約翰‧芮伍德（John Redwood）1995年從英國保守黨內閣辭職，立即失去部長的權力，但卻鞏固了他做為保守黨右翼領袖的地位，並且完全勝過之後的繼承者邁可‧波蒂洛（Michael Portillo）。

　　李察‧布朗森也有相同的能力，可以放棄那些他已經投入大量情緒的計劃。舉例來說，一九八一年九月，他出版了一份雜誌來對抗歷史悠久的雜誌《暫停》（*Time Out*），當時縱使是他最親密的商業夥伴也勸他放棄。❸ 雜誌最初發行時顯得相當成功，然而很快便開始走下坡。即使這件事對大多數的人而言意味著布朗森在商業策略上的失敗，但最重要的是，他有能力放棄：

……對於布朗森而言，長痛不如短痛。事情對於他本人及維京集團的其他人而言已經變成是一個太大的負擔。……這份雜誌的失敗耗費了李察·布朗森超過七十五萬英磅。對於他自尊心的損失更是難以估計。雖然從前他也曾結束過一些生意，但從不曾那麼廣為人知，事實上這個計劃對他造成的心理傷害真是難以估計。……現在布朗森唯一可以做的事便是削減他的損失，並相信他的運氣會回來。㊳

當企業家有足夠的洞察力去開創一門生意，但卻無法引入該生意所需要的專業經理人來進一步發展時，「放棄權力」的必要性就成了常見的兩難局面。這種無法把權力委派給別人的問題，起因於企業家本人對他的「寶貝」曾許下大量的承諾。然而，只有專注在最終的目標且忽視投注過的情緒，企業家才可以成功地將生意順利地導引到下一個階段。

微軟公司的創立者比爾蓋茲為這件事做了極佳的示範。比爾蓋茲三十出頭便開始掌控這個現今世界上最大的軟體公司，比爾蓋茲是一個技術上的專才，他熱切地想把電腦帶給一般的大眾。他的成功主要起因於他對於這項核心目標堅定不移的專注。當他的事業逐漸成長，他便將公司的營運權力移轉給那些他引入公司的專業經理人。以長期的角度來看，這個行為使他保有了更大的

權力。

　　一項探討擁有高度政治技能的經理人之學術研究發現：

　　　　高權謀者與低權謀者個性上的差距……被認為是因為在性情上高權謀者的冷靜超然與低權謀者的熱情投入這種對照下的必然結果；……雖然他們的冷漠也許只是表面，但已足夠幫他們對抗妨害達成目標的人情壓力。❸❾

　　事實上，《鏡報》集團那位沉著冷靜的執行長大衛‧蒙哥馬利（David Montgomery），就可以成為高權謀經理人的代表。他的冷靜程度使他在公司內贏得了「冰人」的綽號。

　　建立權力及影響力的另一個關鍵是注意細節。❹❶ 正如吉姆‧賴特（Jim Wright）的傳記作者談到賴特升為眾議院發言人時指出：

　　　　小事情是十分重要的。議會成員們相信成為領導者的基本條件之一……就是領導者要像他們服務選民一般地服務他們，而小事情就可以顯示這種服務。賴特就是透過小事而茁壯成長的，他自願並樂意為同僚們做一切的小事，從公共建設工程到短程的旅行。多年來他記得每一位成員的

臉孔和名字，即使是剛選上的，甚至都可以直接以名字跟他們打招呼。大部份的成員都記得賴特是他們到達華盛頓所認識的第一個同僚。❹

馬莎百貨的總裁李察‧格林伯利爵士（Sir Richard Greenbury）也在細節上付出了很多心力。他每月舉行管理階層會議，並親自品嘗每一個新推出的簡餐產品。他對於細節的投入包括討論肉與醬料的比例，同時，也在決定每季的主色去調和流行風格中佔重要的角色。

菲力普‧哈瑞斯（Philip Harris）也有相同的行為。1977年，哈瑞斯地毯公司收購了長期虧損的昆斯威（Queensway）地毯。使虧損徹底改變的要素，就是菲力普‧哈瑞斯在細節投入的大量精力。舉例而言，他一手包攬了所有的控管系統，要求分店經理每週打四次電話給他報告交易情況，甚至週末也不例外。❷

相反的，忽視細節可能導致可怕的結果。未來（Next）的零售商喬治‧戴維斯（George Davies）就發現它的代價：

> 我有偉大的夢想——如果你有偉大的夢想，你就可以說服許多人——但我這輩子從沒有做過一門生意。我對於倉儲管理的事情一無所知，我從不知道，如果你不曾把東西正確地歸檔，當人

們需要時，你會沒辦法找到。㊸

在 1970 年代，全錄公司也以它的命運說明了不專
注的嚴重後果。有兩個原因使全錄的執行長，彼得‧麥
高立夫在擴展影印機帝國的宏偉夢想中受挫夢醒。㊹一
是他被政府費時耗力的反壟斷訴訟分心。其次，許多與
全錄無關、出風頭的公衆活動也用掉了他的許多時間：

> 他自願提供他的時間和努力給社會福利勸募
> 協會、羅契斯特市大學董事監理會、外國關係協
> 會、美俄經貿協會海外發展協會、國際行政人員
> 服務組織、藝術品交易委員會、全國都市聯盟以
> 及黑人聯合大學基金。*1968* 年他是芝加哥民主
> 黨例行會議中的一個和平主義代表，*1972* 年他
> 是民主黨國會候選人全國性基金籌款活動的主席
> 之一，*1973* 年他被民主黨全國集會視為不可或
> 缺的瑰寶，*1975* 年他是參議員亨利‧賈克遜
> （*Henry Jackson*）參加總統大選的選委會主
> 席。彼得‧麥高立夫的注意力不再集中了。㊺

一個人的精力如果延伸到太廣的範圍，就會被浪費
掉，而且可能會忽視建立權力與影響力過程中許多重要
的細節。

達成目標的彈性

集中心力在首要目標上是絕對有好處，但如果你被這件事阻斷了視線而看不到其它的成功之道，這就反而產生了反效果。⑯許許多多的因素可以干擾你的視線，讓你誤以為只有單一的途徑可以達成你的目標——你也許會對這途徑感到興奮，也許會對它產生高度的忠誠。但你必須有能力以全面的視野來發現其他可以達成目標的途徑——總而言之，你需要彈性。

羅沙伯・莫斯・坎特發現，有效能的經理人常常能在堅守目標的同時兼顧彈性。⑰專注在他們最終結果的同時，這些經理人使用靈活的手段與策略來和各類對他們有幫助的人士協商。在保持目標不變的前提下，靈活的手段可以幫助經理人應付實際狀況。

當我們把焦點擺到政治鬥爭上，彈性的重要可以得到更清楚的說明。建立權力是政治唯一的目標——以富蘭克林・羅斯福⁴為例，他的堂叔是美國總統⁵，而且表兄弟姊妹不斷的湧入共和黨內。因此，雖然富蘭克林・羅斯福在個人特質及家庭背景方面都是個典型的共和黨員，但為了避開家族中兄弟姊妹等人的競爭，他選擇了以民主黨員的身份參加總統大選。

法國總統席哈克（Chirac）在第三次參加總統大選時，為了贏得大選而改變了政治立場；同樣的，一些

---

⁴ 譯注： 美國第 32 任總統

⁵ 譯注： 第 26 任總統狄奧多・羅斯福

嘲弄者也宣稱，在 1996 年，許多英國保守黨的下院議員叛逃到其他政黨的理由中，工作保障的比例和政治理念不相上下。

不知變通可能會造成十分嚴重的後果——如果你不能順應潮流，很可能會被徹底摧毀。「信仰堅定政治家」的原型——柴契爾夫人，很明顯的就是因為她自豪於「本夫人絕不改變」及「從不妥協」而導致了她的下台。我們在前面提過，她在 1980 年代無視全國民意及同僚的建議，堅持實施人頭稅。

彈性的另一項重要法則是，一旦機會來臨，你必須有隱藏自我、取得勝利的能力。⓭　例如，你可以為了爭取日後更高的權力及資源，而願意目前暫且先扮演無名小卒。在長篇電視政治劇集「紙牌之屋」（House of Cards）⓮ 中的佛朗西斯‧鄂卡特（Francis Urquhart）為此提供了一個極佳的註解。身為一個跛腳內閣的黨鞭，鄂卡特小心地扮演首相身旁的沈默智囊團，讓人覺得他把政黨利益看得比個人利益重要。當首相終於被迫辭職時，鄂卡特被首相推舉為最理想的繼任者，而不是其他曾為個人政治理念發言的競爭者。直到鄂卡特參加首相選舉前，他成功的在那個不願下台的首相面前維持住形象，讓首相將他推上權力寶座。

在柴契爾夫人的繼任者身上，更讓我們可以活生生的看到，暴露出自我的野心對長期目標的成功有多大的危險。梅傑是個不出名的幕後智囊人士，但卻擊敗了許

多極為有名的（例如邁可・赫索泰）競爭對手，而成
為柴契爾夫人的繼任者。柴契爾夫人在自傳中提到：

> 梅傑起初並怎麼不熱衷於接任外相。他是個
> 謙遜的人，自知自己的經驗不足，他也許寧願接
> 受一個較低階一點的任命。但我知道如果他抱著
> 有朝一日成為黨魁的希望，那他最好在三大要職
> 之一的位置上磨練磨練。……簡單來說，我認為
> 他必須有更廣泛的知名度及經驗，這樣才能和其
> 他善於自我推銷者競爭。在他的對手中，有許多
> 這類的人。[50]

你能承受這種步調嗎？

我們已經花了一些時間來幫助你更加瞭解自己。更
瞭解自己可以讓你知道該如何與別人互動，該如何去影
響你想影響的人。

你現在已經擁有專業技能，再加上對人際關係的自
我察覺，你必須開始考慮的是，你是否有足夠的精力及
體能讓你成為一位具有影響力的經理人。[51]

強調精力和體能上的耐力似乎有點奇怪，但要擁有
影響力的同時，也需要具備忍耐及不屈不撓的精神。你
是否曾經想過：「我已經有太多的事情要做，實在沒

有精神去應酬那些想從我這裏獲利的人了。」？

　　那麼仔細看看在你公司中的高級主管，然後問一問你自己：「什麼原因使這些人有權力和影響力？」部份當然是因為他們的能力，但並不是全部——也許更主要的原因是因為他們的個人魄力和體能上的耐力。柯特對企業界總經理的研究中指出，他們大多每週工作六十小時以上，換句話說，六十個小時是最起碼的工作量。❸

　　柴契爾夫人以她驚人的耐力、持久力、和堅忍不拔的精神而聞名。有一段時間，她面臨的壓力和責任超過之前的任何時期，但柴契爾夫人公開反駁所有認為她會精力耗竭或崩潰的預言：

　　　　事實上，當民眾為她能只睡四小時又死命工作表示驚訝時，她早就在剛上任首相不久時就接到別人對她體力透支的警告。她表示：「別忘了，我已經像這樣全力地工作了二十年。人們總以為我是在某個美好的早晨醒來，然後突然發現自己變成首相，而在那之前我是悠閒地過活。事實上，我從來不曾悠閒過，我總是忙得不可開交。」❸

　　奧斯東（Oyston）公司集團的前總裁和執行長歐文‧奧斯東，總結他個人的精力程度如下：

最最重要的就是這種驅動力以及你不能放鬆的事實。我永遠無法放鬆，每週我必須工作七天。……我不可能有時間，或甚至只是希望有時間遠離工作，好好享受一個假期。我必須持續工作。……❺❹

CBS的總裁，法蘭克‧史丹頓（Frank Stanton），被認爲是因爲他那種似乎貪得無厭地想增加工作時數的欲望而成功：

他所謂的放鬆方法，是指在週日穿著運動外套到公司上班。他生存在極少睡眠的狀態下，通常是每晚五個小時。……史丹頓每天早上七點半或八點就到辦公室，而其他人到的時間大約是九點到十點，相比之下，他實在遠遠超過其他人。❺❺

這種在生理及心理雙方面的持續力，使成功的影響者能利用人際關係中的各種技能將人們拉進他們影響力的陷阱中。收集眞相、流言蜚語、傳聞、秘密、以及進行個人觀察；花大量時間來運作影響力，可以讓你擊敗對手，不論是利用非正式的會晤建立連繫、與人結盟或合作、相互交換好處，都會有所助益。

　　在充滿權勢人物的國會殿堂中，誇稱有超過七家屬於國會資產的酒吧是唯一可以因需要而延長營業時間到凌晨兩點，提供各類權利和影響力交換機會的酒吧，難道這只是偶然的巧合嗎？

　　這種充滿精力的驅動力在你提升自己的影響力時，也發揮了它本身的運作機制：它不但鼓舞你身邊的人，還能強調你手上任務的重要性。因此，李察‧布朗森能成功地營造出一種「狂熱的活動力、並且毫無拘束」[35]的公司氣氛。

本章概要

⊙ 本章探討在你可以有效地發揮影響力之前,必須先了解自己。

⊙ 本章說明信念、價值觀、和假設如何左右了你在影響別人認同你目標時的成敗。

⊙ 本章討論有意識地管理信念、價值觀、和假設。

⊙ 本章建議你發展各種不同的互動風格,以便於控制及塑造你在影響對象前的形象。

⊙ 藉由勾勒出形象管理的各類風格與技能,本章檢視了確認終極目標的必要性,以及為什麼你需要將情緒與商業目標分開才能成功。

⊙ 本章強調了在達成目標的過程中彈性的重要;也同時指出為了達到長期性的目標,隱藏自我去扮演一個幕後低調的智囊人物之重要性。

⊙ 最後,我們瞭解要具有影響力,你需要驚人的能量、體能上的耐力、以及堅持不懈的精神。

概念測驗

　　你是否明白成功地影響別人與了解自我之間的關係？

1. 經由行為所創造出來的形象跟試圖發揮影響力沒有關係。

2. 完成工作的唯一途徑就是專注於任務。

3. 我那些隱藏的想法和觀點總是會影響我要別人做我想要他們做的事之能力。

4. 成功的經理人總是有著多重的目標。

5. 成功的途徑就是把情緒帶入你的工作中。

6. 對某特定的目標，表現出有彈性是軟弱的象徵。

7. 花時間了解自己只會浪費精神。

8. 耐力與不屈不撓的精神是成功的影響者之主要特質。

9. 在嘗試贏得別人的認同時，永遠要直接切入重點。

10. 對不同的人表現出不同的形象是在浪費管理的時間。

答案： 1.否、2.否、3.是、4.否、5.否、
　　　　6.否、7.否、8.是、9.否、10.否。

個案研究

狐狸吃綿羊：缺乏政治手腕的問題

羅拉繼續為提升公司的市場佔有率而努力工作。雖然她的產品現在已經成為市場的主導者，但羅拉跟詹姆斯之間仍然有些問題。她努力地試著以她在銷售和一般商業行為的成就來贏得詹姆斯的認同，但她所有的努力都徹底失敗了。

事實上，詹姆斯看來總是蓄意設計一些情境來奚落羅拉。舉例而言，在一次全國性的銷售會議中，詹姆斯多喝了兩杯，他要求羅拉說出在被任命前，對於詹姆斯對該系列產品所採取的行銷策略之看法——他說：「坦白告訴我，我很想知道。」

羅拉把詹姆斯的要求當真，認為是為了借重她的專業知識，來評估公司的銷售效能。於是，她指出：在二十世紀這個複雜的市場環境下，沒有任何前置的市場研究做後援，就貿然推出昂貴的系列產品，也許不是理智的商業行為。

羅拉發表她的演說之後，詹姆斯笑了，智慧地點頭並暗示羅拉的反應正是他所想像的，一個剛從學術象牙塔畢業的學生所說的話——全是理論而沒有實務。他說：「把手伸進市場這灘髒水吧，越快越好，那才是

做研究真正的方法。」然後，他便拋下羅拉跟其他人閒談去了。他們那種會意的微笑進一步強化了羅拉的孤立感，羅拉感到荒謬和羞辱。這時她才明白，自己像一隻綿羊般順從地被那隻有口才的狐狸引導到它的陷阱去了。

那天晚上，回到家後，羅拉向尼爾訴說她被戲弄後的沮喪。尼爾指出，羅拉對商業行為的看法也許與詹姆斯不一致。尼爾認為詹姆斯必然玩著另一套遊戲規則。

尼爾建議羅拉應該花一些時間檢討她為什麼無法有效地影響詹姆斯。

也許她應該重新評價自己希望從這份工作得到什麼，重新評估遇到的人和環境。詹姆斯真的是她的良師益友，有意培育她做為他的接班人？如果不是，那為什麼不考慮以不同的方式來管理現在的工作？

檢討

1. 你如何評斷羅拉的自我察覺與她對別人的察覺？

2. 試說明羅拉應該用何種不同的方法去處理她的處境？

3. 羅拉有一個清晰的目標，就是成為總經理，那她有沒有正確地處理她的目標？

摘要

◎ 確認你自己的價值觀、信念和假設。

◎ 確認你的價值觀和假設如何影響你的行事風格及在影響別人方面的成敗。

◎ 試從更有意識的形象管理,來建立一系列待人處事的風格。

◎ 試從比較容易的目標對象開始,測試那些不同風格的成效。

◎ 確認你的終極目標。

◎ 把個人的情緒問題從你終極的商業目標中分開。

◎ 在達成目標的方法上要儘量靈活。

◎ 培養精力及體力,以便不屈不撓地堅持到底。

實踐方法

1. 診斷你自己——你的價值觀和假設是什麼，它們如何影響你在工作中的行為方式？

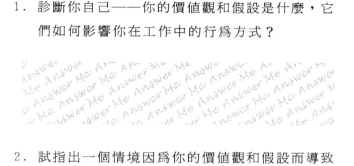

2. 試指出一個情境因為你的價值觀和假設而導致你嘗試贏得別人認同時挫敗。

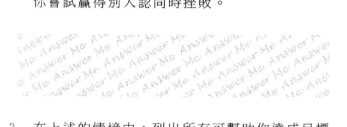

3. 在上述的情境中，列出所有可幫助你達成目標的策略。那一個看起來較有效，為什麼？

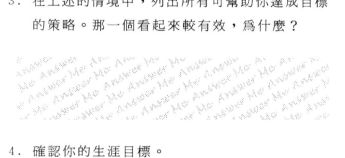

4. 確認你的生涯目標。

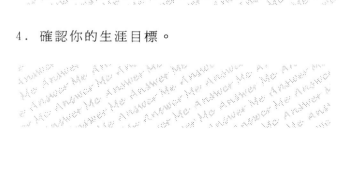

5. 列出你可以用來達成此目標的所有策略。

6. 將你的個人情緒從所有達成目標的途徑中排除。

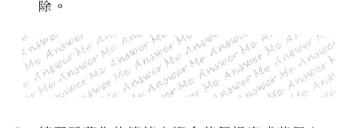

7. 練習隱藏你的情緒去迎合某個提案或某個人。

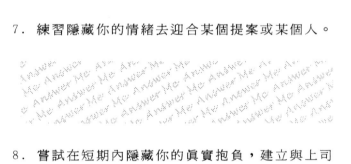

8. 嘗試在短期內隱藏你的真實抱負,建立與上司沒有威脅性的關係。

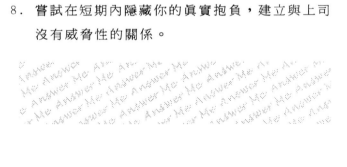

9. 試想想在你與你要影響的對象互動時，你應如
何嘗試定義該情境？

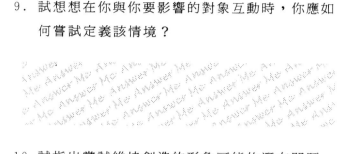

10.試指出嘗試維持創造的形象可能的潛在問題。

如何創造影響力

第四章

第二步—認清對象

- ◆ 自我評估
- ◆ 爲何要評估目標對象？
- ◆ 學習感受
- ◆ 了解別人的五階段程序
- ◆ 知覺詮釋的錯誤
- ◆ 使用多項指標
- ◆ 本章概要
- ◆ 概念測驗
- ◆ 個案研究
- ◆ 摘要
- ◆ 實踐方法

　　本章探討選取與分析哪些目標對象對於你達成目標的必要性，以及哪些可能會如何影響工作的推動。

　　這些目標對象必須評估與控制——本章指出，對別人行為的正確詮釋是成功發揮影響力的必要條件。

　　加強了解人的技能可以幫助你了解你所面對的人。這些技能可以讓你的對象在改變他對事、人、或決定時感到自在，進而有助於遂行你的計畫。

　　同時，我們也會討論一些令你無法正確了解目標對象的原因，例如刻板印象、負面歸因、以及對意圖的假設。本章說明你如何從各種資源中收集線索——言語及非言語的訊號，組織中的因素——以避免誤判。

自我評估

詮釋你的目標對象

　　在開始發展了解目標對象的技能時，從評估你判別人所依據的線索類型著手是個不錯的起點。試以「是」或「非」回答以下問題：

　　　1. 當我想從某人身上得到某物時，我總是期待
　　　　　對方會對我的要求做出理性的回應。
　　　2. 當我想從某人身上得到某物時，我從沒想過

要事先儘可能搜集對方的個人資料。

3. 當我想從某人身上得到某物時,我重視的是「我」如何看待事物,而非對方如何看待。

4. 我總是以口音來判斷別人。

5. 我會避免與談話對象維持眼神的接觸以確保交談順利。

6. 在向某人發表提案前,我不常注意對方工作上的細節以及工作對他行為的影響。

7. 當我聽某人說話時,我只注意他的言辭,並且刻意地忽視肢體語言。

8. 臉部表情是完全自然的,無法聽從個人意志的安排。

9. 我總是能根據人們的外表精確無誤地判斷他們。

10. 當我想從某人身上得到某物時,我會儘量使用便條紙,並且在可能的情況下避免面對面的討論。

計分方法與解釋

每個「是」得1分,「否」則得0分,把總數相加後,如果你的分數高過7,那意味著你在評判別人方面有問題。4、5、或6分代表如果你若要有效地了解別人,你有許多發展技能的工作要做。3分或低於3分

表示你可以有效地判斷別人。

進一步討論

上述測驗是設計來幫助你分析你了解別人的能力。

當你在工作上接觸某人時，你能否從對方的觀點——也就是同理心——來看待情境？想成功地達成影響力的目的，就必須擁有這項技能。

爲何要評估目標對象？

　　一旦你開始注意自我形象管理並有了明確的目標，你就要開始找到誰是你達成目標的關鍵人物。運用影響力的第一步便是評估這些關鍵人物，這個人可能是上司，可能是一起合作的同事，甚至可以是你的下屬，而你想說服他從事某些他不願做的事。對每位關鍵人物，你都必須了解他的價值觀、興趣、以及態度，這樣才能成功地改變對方。

　　約翰・賈德納（John Gardner）在敘述領導者的特質時寫道：

　　　　領導者必須了解各類和他一同努力的擁護者，……與人相處的技能之重點在於社會性知覺——也就是正確地評估追隨者的預備程度或抗拒性……進而創造最大的動機，並了解其中的相關變化。❶

　　狄普・奧尼爾（Tip O'Neill），英國國會議院的傳奇議長，便是一個了解「各類擁護者」的傑出例子：

　　　　奧尼爾成功的部份原因就是他了解人性的弱點。在一個互助的體系中，無法洞察人類脆弱本

質的人不可能有大作為。正如他喜歡說的，你把
人們安排在一起，工作歸工作，恩惠歸恩惠，這
樣你就可以完成一件計畫、一個法案、一項政
策。❷

CBS 的雙巨頭，法蘭克‧史丹頓和威廉‧培里
（William Paley），❸ 正是說明評估及控制目標對象
之重要性的好例子。史丹頓想得到 CBS 經營上的控制
權，而培里則希望維持最高職權的形象。這兩個人沒什
麼共同點。另外，培里總是在沒有警告下解雇員工，他
是一個勤於聘請與解僱的人。爲了保護自己，史丹頓必
須了解培里並採取對抗的策略。他的解決辦法是避免在
公開場合對培里造成威脅或挑釁，讓培里繼續有老闆的
感覺：

雖然史丹頓不過比培里小七歲，在史丹頓堅
定且全然的尊敬下，這兩個人的行為關係在部屬
面前像是一對父子。……開會時，史丹頓隱藏自
我，絕不與培里爭論。當他更有經驗後，他學會
將反對的觀點推到其他人身上。……當史丹頓陳
述自己的意見時，就一定是為了認同培里的意
見。❹

正確地解釋別人之行為的重要性已經為研究❺所證實——在一項對150名英美高層決策人員的研究中指出，在十六項管理技能中，「了解別人的能力」被美國的決策者列為首要技能，同時，英國的決策者也把它列為第二重要。

另一個研究發現，一個領導者越了解他下屬的長處和弱點，就越能夠成功。❻舉例而言，雷根在首屆總統任期的成功經常被認為是因為他能組織與管理一個密切合作且能互補的顧問團——「偉大的溝通者」或許只是個能力普通的人，但卻是個非常有悟性的領導者。

評估別人的舉動總是在和別人接觸的過程中，不知不覺地進行著。我們總是試著估計別人的內心狀態和才能、他們的行為、對某個提案的反應、或跟我們是否有相同的幽默感等等。

這個過程之所以重要是因為別人想什麼、感覺如何或說什麼都會強烈地影響我們的回應——不論是我們的微笑，將談到的主題，或對自己的提案之推銷程度。

本章的目的就是將這種潛意識去評估別人的過程變成有意識；同時，本章也將探討與了解別人、解釋別人的行為有關的技能。

學習感受

　　我們解讀別人的方式大多是無意識及瞬間的過程。要提升你對人的感受力就必須對這個過程有徹底的了解。

　　能察覺感受的過程，及了解引導你的行為及你如何解讀別人之各種規則，將可以避免一些陷阱。這些陷阱包括：忽略個體的差異性、只以個人的觀點來解讀各種情境、用刻板印象來分類人、及排除或扭曲不符合你的計畫之新資訊。

了解別人的五階段程序

　　解讀別人的過程是如何進行的？心理學家認為，在成功地了解別人及解讀對方的行為時，有五個關鍵步驟——(1)尋找線索；(2)確定線索的意義；(3)替行為貼上標籤；(4)確定行為背後的動機；(5)做出判斷。

第一步：尋找線索

　　第一步是尋找線索，因為線索會傳遞或陳述將行為合理化的意義。舉例而言，「他握手有氣無力」就不只是形容手部肌肉發育不良而已。

　　另外，線索也可以表達出故意或無心的意義。無力

的握手可以代表著敵意（故意）或一種懦弱的性格（無心）。同樣的，人們對你笑可以是故意表露親切，或只是因為他覺得你的外表很有趣——以至於他無法板著面孔。

英國航空公司的總裁羅德‧金恩與李察‧布朗森會面的過程便是個實際的例子，他注意到布朗森說話溫和、留著引人注目的鬍子、及穿著羊毛運動衫。

第二步：確定線索的意義

下一步就是如同玩拼圖遊戲般地組合各種線索，以建立一個圖像來猜測對方是如何對待你。

所以，我們可能因為蘇小姐胖胖的、紅頭髮、及戴大紅框眼鏡而猜想她是一個相當活潑外向的人。同樣的，普遍接受的形象意義也許會令我們認為一個有鬍子的生意人之心理強度強過鬍子刮得乾乾淨淨的主管。

這個過程表示，我們常常以概括原則來歸納與我們見面的人：例如他們是高興或憂鬱、勤勞或懶惰、可信賴或不可信賴。然而真實生活並非總是這麼黑白分明——大多數的人是落在兩個極端之間。

所以我們必須小心，不要只經由單一特質，例如聰明，善交際，或外表來描繪對某人的整體印象。如果這麼做，我們可能落入月暈效應的陷阱。月暈效應指我們會因為在一個人的行為中發現一個討人喜歡的特徵，而

認為那個人的全部行為也會同樣的討人喜歡。

在上述的例子中，羅德・金恩將那些線索解釋成布朗森是沒有威脅性的。

第三步：替行為貼上標籤

下一步便是利用我們從線索中建立的圖像來給行為貼上標籤。

當我們發現人們的特徵或特質時，我們習慣於以具有相同特質的團體——心理學家稱之為「參考團體」——來為這些人貼上標籤。例如，所有的推銷員都是聒噪的大嘴巴；所有的會計師都是內向的人。在概括化的過程中，你可能會忽略實際的情形而建立了錯誤的印象。在羅德・金恩的想法中，認真的商人穿的是西裝。布朗森沒有，所以，布朗森不是一個認真的商人。

再舉一個例子。提尼・羅蘭德就很清楚如何利用少數特質為基礎來為自己創造優勢。因此，他隱藏自己德國移民的背景，表現得像個完美的英國人———一般相信會表現出下列行為：「穿著剪裁合宜的西裝、有個人姓名縮寫字母的絲質襯衫、及擦得發亮的皮鞋」。羅蘭德給人的印象是一位典雅、整齊、發音完美的英國人。❼

概括化對我們在日常生活中與大量人群接觸有極重要的幫助。我們不可能有時間去了解所有人，所以，我

們不得不以經驗為基礎來快速處理。

我們必須小心不要假設有任何單一要素可以決定一個人：人是複雜多面的。你也許在預期一個會計師是被數字主導的「數豆人」時，卻意外地發現他認為自己是個有直覺力而且具備策略能力的完美商人。

幾乎每一種刻板印象都有例外。所以我們在依靠刻板印象對目標對象做出第一印象的判斷後，還必須繼續收集更多的資訊。

在學術研究中發現，被同事們評為「最適合國際性任務」的經理人在實際與人接觸時會改變原有的刻板印象，而被評為「最不適合國際性任務」的經理人即便在面對相反的證據時，也不會改變原有的刻板印象。❽

第四步：確定行為背後的動機

另一個平行進行的程序是，把個人的行為歸咎於他的個人特質（也就是內在因素），或歸咎於他所處環境的影響。心理學家稱這個程序為「歸因」。❾❿

我們會低估外在因素影響別人行為的程度；相反地，我們也會高估內在因素及個人因素對行為的影響程度。例如，某個顧客也許以簡短的便條來取消會面。你可能將此歸因於交易關係的破裂，但真正的原因卻是他必須與他所屬公司的總裁碰頭。

負向歸因會對於成功地影響別人方面造成大麻煩，因為它使我們無法了解想要影響的目標對象之內心世界，也就是無法了解對方的需求及關心的事物。

我們也不願與那些被我們歸因為惡意的人維持關係。我們會疏遠他們，甚至避開他們。如果你想當然耳地認為對方是蓄意的——也就是說，過於高估人們的行為中蓄意的程度，就很容易產生負向歸因的惡性循環。

當你發現自己正對別人做出負向歸因時，千萬記得，影響他們的行為之真正原因可能是環境或外在因素。

第五步：做出判斷

根據上述的步驟，我們會對別人做出道德上的判斷：好或壞，對或錯？

當情緒高昂時，很容易就採取道德的觀點。然而，你自身的道德觀點常會令你無法以對方的立場來看事情。這可能會引起一些誤解：一個你認為嚴重而不可原諒的謊言，也許只是彼此認知上的差距。

人們很容易因自己的信念、價值觀、及態度，而在無意間對別人下評斷。這種個人觀點會妨礙我們認清我們想要影響的目標對象之真實面貌。我們會忘卻人類行為中的個體差異；我們會有組織地架構我們的偏見，而卡死在其中，並且不願意重新審視我們對某人的看法，

甚至是在發現某些與我們成見不同的證據時仍繼續堅持。

　　要有效地影響別人，就必須徹底了解對方，並且要避開下列的認知錯誤。

知覺詮釋錯誤

人類行為的個體差異

　　當我們對別人的行為下評斷時，我們習慣以個人的觀點來判斷，並且常常只看到我們想看到的部分。[11] 我們會忽視了我們與別人在價值觀、動機、及抱負上的差異。這樣的行為是自然的。因為要從別人的觀點去解讀行為常常會有情緒上的不愉快。例如說，我們也許需要重新檢視我們所珍視的信念、價值觀、和抱負，但那些是我們的尊嚴所在。拒絕承認這些存在的差異可以使我們免於重新進行自我檢視的困境，但卻可能造成嚴重的後果。

　　提尼・羅蘭德正是這種情形。他最後垮台是因為無法正確地解讀狄特爾・波克（Dieter Bock）的價值觀、動機及抱負。狄特爾・波克是個53歲的德國稅務專家，轉行到房地產投資，同時也是亞文塔（Adventa）集團的總經理。[12] 在1992年，藍羅公司的

貸款大約是九億五千萬英磅。羅蘭德當時已經七十五歲，雖然他知道要解決藍羅公司的問題必須從德國、東歐及俄羅斯著手，但他已經老得無法應付俄羅斯惡劣的天氣及冗長的官僚作業，以舒解藍羅公司的需求。因此他要找一個投資者，說服對方相信藍羅公司的實力被低估，在經濟衰退期結束後藍羅公司必然可以重新振作。此外，這個理想的投資者要對商業一無所知，必須完全依賴羅蘭德來繼續管理公司。透過德國朋友的介紹，狄特爾·波克出現在理想者的名單上：

> 波克溫和的個性解除了羅蘭德的警戒。這位德國人承認他已經觀察了藍羅公司五年，並且對它被低估的實力深深受到吸引。波克說，他的妻子對於在德國的生活不再抱有任何希望，而且想在英國教育小孩。波克提供了羅蘭德一個看起來似乎不具威脅性的合作關係。[13]

羅蘭德認為，透過波克他可以保有對公司的控制權，同時不再會有財務危機。波克會將他的資金注入藍羅公司，當時機來臨，波克的重要性就會日漸降低。然而，羅蘭德沒有正確地看穿波克的動機和抱負。他只看到波克可以為他做什麼，而沒看到波克要從他那裏得到什麼。羅蘭德完全低估了波克的商業智慧、侵略性、及決策能力。到了1994年底，波克就已經成功地將羅蘭

德的王國解體了。

在我們的個案研究中也有類似的情況，羅拉沒有正確地了解詹姆斯的價值觀、動機、以及抱負。羅拉錯誤地認為詹姆斯的海軍背景就代表著他是一個有理性與洞察力、而且以結果為導向的商人；她還將詹姆斯的年齡解讀成他正想放鬆一下並且很樂意扮演一個提攜後進的長者形象。因為羅拉只看到她希望看到的東西，就是有機會成為總經理，因而忽視了在她面前的反面證據。

社會階級、職業、文化、以及教育程度的差異，增加了正確判斷別人的困難度。海軍的世界對羅拉來說是陌生的，所以她只好被迫以刻板印象來對詹姆斯作出判斷——皇家海軍指揮官意味著一個以結果為導向的領導者。同樣的，海軍的背景使詹姆斯很難理解羅拉期待和他一同分擔管理職責的想法。

羅拉和詹姆斯在同一個國家的文化下都努力地想與對方建立關係。想像一下在全球性市場的持續擴充下，差異性會大到什麼程度。商業高級主管若是想要在全世界成功，他們必須要了解不同文化環境中各種行為模式和風格。想像一下，一個來自將守時視為第一原則的瑞士高級主管，和兩個地中海商業夥伴聚會時，對方遲到了整整一個小時，並且沒有任何抱歉的表示——因為在他們的社會文化中，這樣的行為十分正常。

當我們正在處理的人或計畫對我們而言非常重要時，我們的觀點可能會受到矇蔽。試想當你坐在電話機

前，等著一項求職面試的回應時，你對於人和環境的焦躁與評價會像鐘擺般在兩端搖擺。之後當電話鈴聲終於響起，確認你已經得到那份工作後，你的想法立刻會集中在面試表現以及工作本身各種正面的部分。

換句話說，對於人或計畫的高度投入會使我們在特定處境中扭曲其中的訊息和線索——我們會只聽到我們所期待聽到的。舉例而言，提尼‧羅蘭德就是在尋求財務救星時完全被矇蔽，忽視了在其他環境中會使他對波克的動機更謹慎：

> ……為了保護自己的投資，波克提出一個意料之外的條件。他的附帶條件是要求羅蘭德同意在一個限定的期限內，買掉羅蘭德所擁有百分之十四的股票。對於不斷自誇：「我從不曾賣掉一張藍羅公司的股票」的羅蘭德來說，波克的要求應該要拒絕，但顯然羅蘭德對這個要求並沒有太反彈。如果他不打算以自己的財富來支持藍羅公司，就必須面臨償還銀行無擔保借貸的壓力。可以令羅蘭德安心的是，波克在沒有擔任總經理的情況下不可能管理藍羅公司。在羅蘭德「罕見」地將他的股份賣給其他投資人，以維持他本人及家族在財務上不虞匱乏的決定背後，更基本的理由是他可以保有控制權並且擺脫財務危機。❹

同樣的，在我們的個案研究中，當羅拉向詹姆斯陳述他投入大量精力主持的產品系列是商業上的失策時，詹姆斯根本不願意接受這個真相。詹姆斯因而扭曲訊息，並把羅拉描繪成一個製造麻煩的人（純理論卻沒有市場經驗的行銷主任），只因為詹姆斯對於最初的市場行銷決策，必須負極大的責任。

相似性投射

我們往往會將我們認為自己擁有的特質加在別人身上。如果我們假設別人和我們相似，那麼評判斷別人就變得比較容易了。例如，若你希望從工作中得到挑戰和職責時，你就會假設別人也會想要。

> 這種「投射」的傾向會扭曲我們對別人的知覺。美國有一群研究人員曾與來自十四個不同國家的經理人一同工作。他們請每一位經理人描述某個來自其他國家的同僚在工作及生活上的目標。在每一個案例中，那些經理人對外國同事的推測，像自己的程度遠高於那些同事實際的情況。[15]

這種相似性投射背後的原因是，我們的潛意識認為只有一種存在與看待世界的方式：也就是你的方式。這會使你以自己及你看待世界的態度來看待別人。舉例而

言，講求權謀的經理人會假設別人會像他一樣善於權謀。在這樣的假設下，他們會放棄一些原本可以有效影響別人的策略。

固著效應

潛在的影響者是不是常會發現他們的目標對象心智封閉，因而無法找到方法去影響呢？這種拒絕接受任何不符當下觀點的新資訊之態度是正常的。[16] 想想看，對於一般的投票者而言，就算他所選的政黨令他非常不滿，但要他投票給另一個政黨仍然十分困難。在這種情況下，多數人會放棄投票，而不是選擇與他們當時的價值觀和信念不符的新政黨。此外，我們越快對某個情境或某個人建立印象，我們就越難接受往後那些更正確的資訊。

柴契爾夫人與內閣大臣帕金森的關係正是這種固著效應的好例子。柴契爾夫人喜歡長得好看的男人，而且喜歡的程度似乎會隨著對方對她進行一些若有似無的調情而提升。她認為這是兩人間互動的化學反應，並對此感到滿意。她憑直覺決定要反對或接受某個人。在對一個人做出了立即的直覺判斷之後，她就不太願意改變她的想法，例如帕金森，即使這位已婚男士跟前任秘書莎拉・凱西斯（Sara Keays）之間的情事已經成為公開的政治醜聞，柴契爾夫人仍然不願意改變想讓他做外相的想法：

　　……帕金森到唐寧街官邸來拜訪我，告訴我他與前任秘書莎拉有染的事。這使我躊躇，但我並不打算改變主意，我不認為這件事會成為他擔任外相的絆腳石，所以我仍致力於選戰的工作。事實上，我對他在選舉中的優異表現至為讚賞……

　　我希望儘可能的保住帕金森———一位政治盟友，一位有能力的部長，同時也是我的朋友。❼

　　這些詮釋上的錯誤都會令我們無法了解與預測別人會如何反應。你也許覺得你不是那麼容易受固著效應的影響，因為你總是與同僚交換意見並收集關於目標對象的資訊。很不幸地，同僚往往不是最有用的資源。那些會讓你信任的意見，往往來自跟你以相似的角度看世界的人。事實上，在互相信任的同僚關係中，傳遞的只是偏見和假設的分享而已。這種分享的確強化了舒適感，但同時也加深了扭曲的程度。

使用多項指標

為了避免在了解別人的過程中出問題，你必須和自己保持距離，把自己的價值觀和假設放在一邊，承認自己的猜測有犯錯的可能，而且重新去認識對方。

要了解你的目標對象，你必須找出各項指標。這些指標包括語言的部分以及姿勢、人與人之間的距離、小動作、語調口音、或眼神的接觸等等非語言的指標。同時也包括公司的結構以及個人的因素，例如對方工作上的需要、他如何被評價與被獎賞、他的壓力、職業與學業背景、價值觀、以及興趣嗜好等。[18] 在試圖了解你的目標對象時，這些指標可以結合起來以呈現一個更完整的認識。你知道的越多，就越能和對方溝通，越能配合對方的風格、並且掌握他所關心的事物。

下一節強調可以幫助你了解對方內心世界的幾個主要指標。

非語言線索

我們可以用來了解目標對象的最基本指標就是對方的肢體語言和非語言行為，特別在還一無所知的接觸初期尤其重要。艾克曼（Ekman）和佛里森（Friesen）的研究認為身體語言可以在五方面幫助一位影響者。[19]

首先，肢體語言相對於言辭部分較難以控制與運用。一張興奮的臉孔或充滿汗水的前額可以傳達出對方真實的想法和感受。

其次，肢體語言可以指出對方如何看待你們之間的關係——在嘗試運用影響力的初期，這是特別有用的資訊。因為肢體語言會說出許多嘴巴所不能說或不願說的情緒。例如，一個溫暖的握手象徵著你的對象正向你表示好感（正向情緒）——如果他明確地將這種情緒說出來也許並不恰當。

另外，肢體語言提供我們重要的象徵性線索，可以用來計劃彼此的互動。例如，在一個緊張的商業會談中，簡單的點頭就強烈地顯示了對方對某議題的看法。

要知道對方如何評斷自己時，肢體語言也具有同等的重要性。它可以讓我們知道，對方是自信或焦慮，是強硬或軟弱等訊息。

肢體語言對影響者有幫助的第五項是，影響者可以控制自己的肢體語言來影響對方對他的知覺或反應——這跟第六項影響力的原則——也就是情緒有關。當你評估一個部屬時，你可以透過坐姿、眼神接觸、笑容、或保持一個開放式的姿勢等等來鼓勵對方進行交談。

換句話說，我們必須避免將這些線索（例如：彎腰駝背、噘嘴、皺眉頭等等）簡單地視為：「那不過是他們的習慣罷了。」

外表

你想要影響的對象喜歡整潔簡單的外表，或戴角質框眼鏡、有智慧的學者類型，或具男子氣概、喝香檳、穿紅色吊褲帶、及捲起袖管的類型，或追求苗條塑身的狂熱份子？

有許多對外表的刻板印象會將個性與外貌連結在一起。儘可能了解這些連結是件重要的工作。因為你越是能夠展現出令對方舒服及喜歡的外表，就越容易成功。

你並不需要對你的個人形象做徹底的變動，但你也許需要在服裝或風格上變得更謹慎。這種品味上的一致性可以讓對方產生認同感，並使對方在和你工作或支持你時覺得十分舒服。

有些經理人覺得個人的外表和討論的議題本身相比較不重要。如果這是對的，那你應反問一下自己，為什麼像提姆‧貝爾（Tim Bell）和彼德‧曼德森（Peter Mandelson）這類政治形象製造者在今日的英國政壇上可以擁有這麼多權力。柴契爾夫人對於調整個人形象以迎合英國選民的喜好方面非常敏銳：藉由朗誦課程來柔化聲音，使她顯得不那麼咄咄逼人；調整牙齒；髮型師每天清晨到唐寧街為她做頭髮，使她看來永遠是神采飛揚，這使得有些人不厚道地拿她和之後的雪莉‧威廉斯（Shirley Williams）相比，雪莉‧威廉斯被認為不太重視外表儀容。前英國工黨領袖，邁可‧富特

（Michael Foot）的粗呢大衣已經成了他的標記，即使在十分正式的陣亡將士紀念日他也穿。而這跟新工黨領袖的對襟西裝形成強烈的對照。

在評估目標對象的外表特徵時，你必須十分謹慎，因為外表特質的刻板印象是由社會文化決定的。舉例來說，日本人強調對長者的尊重，而美國文化則是年輕人取向。所以一個較老的白髮員工在日本經理人的眼中可能視為可以提供寶貴經驗的人，而美國經理人也許認為這個員工已經開始走下坡了。

甚至不同的商業領域也會對外表有不同的刻板印象。例如，音樂界不拘小節、外表年輕；會計人員則是樸實、深藍色的西裝、白襯衫、保守的領帶和短髮。

身體的動作、小動作、接觸、臉部表情、眼神接觸、以及人與人之間的距離也同樣重要——在詮釋你的目標對象時，這些都是要注意的訊號。讓我們先以眼神接觸為例。

眼神接觸

想要了解進而影響你的目標對象，眼神的接觸尤其重要。研究顯示，眼神接觸可以調節溝通的進行與掌握回應、表達情緒、以及可以對實質關係提供重要的線索——是友善溫和或疏遠排斥。[20]

凝視同時也可以用來表達關係中的狀態和位階。舉

從互相的凝視中可以得到一些重要的線索。當你意圖詮釋凝視的寓意時，有個要牢記在心的規則，個人單獨凝視別人的平均時間是三秒，而相互凝視的時間——也就是你們同時看著對方——大約是一秒。這個研究指出，你可以經由凝視的時間來判定關係的親密度——關係越親密，相互凝視的時間越長。❷

例而言，位階較高的人會花較少的時間去凝視位階較低的人，而較低階者會花較長的時間。❷

眼神接觸也可以做為威脅別人的武器——承受長時間注視的人常會將這種注視解釋為具有攻擊性，而且可能會迅速從這種情境下退縮，正如柴契爾夫人傳記的作者提到：

她甚至不像多數的女人那樣地移開眼神。……相反的，那雙暗淡的藍眼睛——這些年來變得更暗更寒冷——直視著別人的臉孔。與其說是看著下方，還不如說是瞇起眼來看人；正如我的一位記者朋友訪問她時討論到她退職一事。他回想道：「那雙眼睛瞇了起來，眼中的冷酷變得相當可怕，使房間裏的空氣似乎凝結了。」❷

我們可以用凝視來表達我們想展開談話的企圖。另一方面，當我們想結束對話時，也可以撤回眼神的接觸，或以不接受眼神的接觸將某人「拒之門外」。

碰觸

對於經理人而言，碰觸是另一種重要的非語言訊息，可以幫助你判斷關係中同理心及互相喜歡的程度，也可以判斷互相坦白的程度，換句話說，讓你知道該與對方有多親密而且會覺得舒服。❷

就像凝視一樣，碰觸也可以用來確定身份。傳統上，為了確保英國皇室高貴的地位，在公開場合中對皇室人員不應有碰觸的行為。但在最近對澳洲的訪問中，澳洲首相保羅·基亭（Paul Keating）將他的手搭在女王的肩膀上，許多人認為這是刻意要以動作來表示女王在澳洲的地位已然下降的情況。

地位高的人比較可能主動碰觸，而地位低的人則比較可能被碰觸。柴契爾夫人在高峰會議中伸展手臂滑過其他歐盟國家元首的著名習慣，也許就是她自認有較高地位的象徵。

要記得男性和女性對碰觸的感受是不一樣的：對於女性而言，被觸碰可能有性線索的意義。碰觸在不同的文化中，也有著不同的意義。俄國男人常常擁抱；日本人對身體接觸反感，他們喜歡鞠躬；在法國，每次遇到認識的人你都會跟他握手——在英國並不會這樣。

人與人之間的距離

　　人與人之間的距離——也就是你的身體跟對方有多近——是了解別人的一種重要訊號。要與對方建立互相理解的交往，你必須了解人與人之間的距離與彼此熟悉度的關聯性，並且了解對方在這方面的態度。

　　柴契爾夫人明顯地表達出她對外表出眾的男性之偏好，特別是那些穿著制服的男人：「……有時候在早上，跟她熟悉的人在一起時，她會踢掉鞋子然後坐在室內最好看的男人的腳邊。」㉕

　　「給我一點空間。」是每個人都不陌生的句子。人類學家愛德華‧霍爾（Edward Hall）實際地提出了一套距離區域來解釋各種互動形態。㉖對於美國人而言，四種主要的互動距離如下：

　　1. **親密**——身體碰觸至 18 英寸

　　2. **友好**——18 英寸到 4 英尺

　　3. **社交**——4 英尺到 12 英尺

　　4. **公衆**——12 英尺到 25 英尺

　　親密是在一般親密的家人關係中可被接受的距離；而友好則是在熟人之間的距離；社交是在商業及非正式的社交互動中令人舒服的距離；而公衆距離則是在正式

的互動中出現，例如排隊。

　　關於人與人之間距離的大小，當然會因文化而有很大的不同。看看在倫敦郵局前排隊的人，那裏總是有許多不同國籍的人，而你一定可以察覺到當某人太過靠近其他人時，對方表現出的不愉快感受。

語言的線索

　　當你陳述要求時，若能讓對方覺得舒服，而且符合他的價值觀，那麼這個要求就很容易成功。學術界稱這個過程為「以正確的行情來提出個人的要求」。

　　因此，你應該去找出那些可以確認對方之「行情」的線索。要做到這一點，分析對方的言談是眾多方法中的最佳途徑。

　　語言行為──包含說話的方式與內容──可以傳遞很多對方處理事情的資訊。當你嘗試了解別人時，語言就像霓虹燈管一般，有著建構意義的功能。

　　舉例來說，李察·布朗森溫柔到幾近害羞的學生模樣，成為他在商場上影響周遭人員，及給人留下謙虛印象的有力工具。有一次他跟美國唱片界高級主管的協商記錄如下：

　　　　對於這些習慣於狡詐、敲桌子、催促、及叫

嘯之類推銷術的主管而言，布朗森那不圓滑，像學生似的舉止及他有時尷尬地承認「說實在的，我真的不知道是誰做了這件事！」變得非常有魅力。[27]

對方的說話風格提供你線索去了解對方的行事方式，以及你該如何與他建立關係。舉太陽報的凱文·麥肯錫為例——當他成為總編輯之後，他建立起一套用語言攻擊別人的特殊風格；這種風格幾乎是他說話的標準形式。一個典型的例子是米克·泰瑞（Mike Terry），這位年長且戴眼鏡的專欄編輯在任職一週後遇到下列的對話：[28]

好吧，你回過神了嗎，米克，嗯？我們不是起床了嗎，米克？腦筋清楚嗎？可以想事情了嗎，米克，嗯？哈囉，米克，有人在家嗎，嗯？好吧，米克，現在可以跟我說實話了，米克，嗯？不要看到別的地方去，米克。因為我們的腦袋不常有人在家，不是嗎，米克，嗯？對不對，不常有人在嘛，對吧，嗯，嗯？[29]

許多像米克·泰瑞一般的記者會在這種持強欺弱的攻擊下崩潰。然而，有些能掌握到麥肯錫之語言方式的人仍可以有效的影響他：

偶然，但只是非常地偶然，有些臉皮夠厚的人還是可以打敗他。某個娛樂版的員工，在承受了十分鐘的連續叫囂之後，趁著麥肯錫喘氣時的中斷抓到機會。眨了一下眼睛，露齒而笑並很快地說：「你又要痛罵我一頓了吧，對不對，凱文？」麥肯錫徹底地解除武裝，突然大笑起來，以一個愉快的揮手和一句玩笑話把他趕走：「滾吧，滾你的…去。」❸

你的目標對象如何使用語言，是你了解他如何認定自身之社會地位的重要線索。「錯誤引用」（*malapropism*）一詞的使用來自十八世紀的劇作家謝瑞丹（Sheridan）」[1]，他劇作中的角色馬拉普普夫人（Mrs Malaprop）試圖使用語言來超越自己所屬的階級。不幸的是，這個企圖因為她宣稱某人「像尼羅河寓言（鱷魚）[2]一樣地頑固自復。」而失敗。

有時也可以使用相反的策略。凱文·麥肯錫十分了解這一點：他投射出去的勞動階級背景對於保護他在太陽報的總編輯職務有極大的影響，同時也是他影響及管理編輯部同仁的標準工具：

　　　　他隨時都會飾演南倫敦硬漢的角色。⋯⋯他

---

[1] 譯注：（1751-1816）愛爾蘭劇作家

[2] 譯注：　原文中的鱷魚一詞是 a l l i g a t o r ，而 Mrs Malaprop 誤用了發音類似的 allegory（寓言）。

那和善的中產階級背景已經被自己創造的新勞動階級形象所埋葬。流言四處流竄———包括他只通過普通程度（O-Level）[3]的考試，如今該項考試已如同木工測驗，而隱藏的意思並不是說他笨，而是他毫不在乎這個制度；他們互相傳言，他曾被第一流的學校開除，在一個輔導中心長大，來自低下的派坎姆區（Peckham），而不是高尚有教養的康柏威爾區（Camberwell）。就他的背景而言，很明顯地，他是個了解讀者，知道他們需求的人。中產階級的虛榮對此一無是處。❸

交談的方式與交談的內容有同等的重要性。音調的變化、節奏、強度、速度、及停頓一同構成了「輔助語言」（paralanguage）❸，也就是語言的生理面。舉例來說，對於犯了錯的保守黨閣員而言，受到柴契爾夫人的語言攻擊就被形容為「被手提包痛擊」。

凱文‧麥肯錫則是另一個在使用輔助語言來影響員工方面，有極為出色效果的人：

麥肯錫會以一長串的喋喋不休開始，輕聲而有條理地發出句子，但不斷地加入被他當做詢問用的「嗯，嗯？」來刺激對方，使對方沒有選擇地只好點頭以示同意。「仔細看看你自己，

---

[3] 譯注： 英國最基本的公開考試，通過O-Level大約是初中畢業。

嗯？」他會開始說：「真是一堆沒用的ＸＸ，沒錯吧，嗯？你是一坨ＸＸ嘛，嗯？」❸

　　說話有許多常見的模式。連珠炮似的發言可能代表興奮或焦慮。而說話者如果不保持眼神接觸或不斷地望著別處，那就表示聽的人是不重要的。低沈的聲音跟激昂的聲音有著不同的意義——低沈常代表著安詳、無聊、或傷心，而激昂則是恐懼、驚訝或生氣。

　　此外，沈默也有許多不同的意義。除了可以是以一個小停頓來讓對方有一些思考時間，來做為尋求共識的策略之外，沈默常令人覺得不舒服，會使某些交談者為了排解不適而不得不開始發言。因此，它是一個十分有效的施壓方式。電話中的沉默尤其有效，因為對方看不見你，因而無法從一些非語言的線索來猜測你的意圖。

　　上述的要素只是正確地評斷目標對象的第一步。要徹底地認識目標對象的世界，你必須找出他們的焦點和目標、他們必須做的工作之本質、他們如何受到獎賞和評估、他們的人際網路、他們所面對的壓力、生涯抱負、個人背景、價值觀、嗜好及興趣等等。

　　在決定應如何去影響對方時，找出上述資訊是最根本的工作。某些資訊可能很容易解讀，但正如我們在錯誤解讀的部分中提到的，在正確了解對方之前，你也許需要重新評估或花更多的時間去收集資訊。

　　我們現在來談談上述這些必要的資訊。

與組織相關的因素

了解對方的工作

要有效地運用影響力，你必須知道要影響的對象之工作角色——他的任務、職責、工作的風格（是數字分析型或以人際關係為重）。他的權力有多大——不論是發號施令或為別人服務。

這一類資訊可以幫你從正確的方向去安排你運用影響力的企圖——就運用上來說，就是要知道該從那些點著手。舉例而言，在個案研究中，羅拉可以著手了解該系列產品錯誤的行銷策略，並努力使它好轉，但她仍然可以在總部及詹姆斯面前儘可能的稱許詹姆斯的工作。

柏納·殷爾姆爵士就十分清楚在柴契爾夫人成為首相之後，什麼對她才是重要的：

　　柴契爾夫人正試圖利用她那新的經濟理論來應付石油價格意外的巨幅上漲所引發的全球性經濟衰退。許多她自己的保守黨議員都認為她會在下次大選前被選民拋棄。……而柏納·殷爾姆所看到的是一個飽受威脅，但卻十分果決而且有洞察力的女人。……他相信她的遠見並且全力支持她的企圖。❸❹

對方的表現如何受到評估與獎賞？

有一句古老的管理名言：只有檢查過的工作才算完成。部門績效必須接受檢查的指標包括加班時間、交貨的速度、市場佔有率、產品獲利率、以及呆帳比例等等。

人們常常依他們在特定功能上的表現而受到評價或獎賞。某個部門的目標有時候會與其他部門的目標相衝突。舉例而言，由於某個重要顧客的訂單可以提高市場佔有率，行銷部經理也許願意接受一份不符成本的合約，甚至必須靠加班才能準時交貨。這立刻會與生產部門和財務部門發生衝突。

知覺程序的第四個步驟提醒你一個事實：我們總是習慣將人們的行為歸因於個人因素（內在歸因），而不是他們身處的環境。這可能導致判斷上嚴重的錯誤，並限制了我們有效運用影響力的能力。在上述行銷經理的例子中，他也許會認為他那值得稱許的努力正受到生產部門和財務部門的妨礙。行銷部的人員也許沒有發現，生產部和財務部的人只不過做他們份內的工作，而且是依照會受到獎勵的方式進行。

目標對象的壓力來源

你必須注意目標對象的壓力來源。你的目標對象無可避免須依賴整個第三者的網路來完成他的目標——這

些第三者包括公司內部的人（例如銷售部門、生產部門的人員、及工會）、及公司外部的人（例如銀行業者、分析師、競爭者、以及供應商）。

對你的目標對象而言，每個第三者對他都有不同的要求，而形成不同的壓力。要成功地影響他，你就要了解對方當時的壓力來源，然後才能適當地進行你的企圖。

另一個找出對方之壓力來源的方法是，自問有什麼可以讓他整晚不能入眠。如果你不能指出令他焦慮的範疇——無論是太平洋沿岸地區長期性的競爭、新技術的衝擊、或最近產品投入市場的挫敗，那你永遠沒有辦法從他那兒得到你想要的。

你同時也要注意，你的目標對象與相關第三者的接觸也可能對你造成影響。舉例而言，在羅拉與詹姆斯的關係中，其中一個相關的影響就是詹姆斯可能全力阻止羅拉與美國總部搭上線。這表示羅拉如果必須跟美國總部直接接觸時，那裏的人也許已經有了詹姆斯所傳遞的訊息而對羅拉產生不正確的印象了。

總括而言，關注你的目標對象有哪些接觸和壓力是很好的指標，它可以告訴你可以從那些點切入，或該避開那些部分。

個人因素

生涯抱負與個人背景

你必須了解影響目標對象的過去歷史，以及他想邁向何處。艾藍‧柯恩（Allan Cohen）和大衛‧布萊德福（David Bradford）對於這一點提供了一系列有用的指標。[35]

如果你從前與你的目標對象有所接觸，那麼很可能你已經有了這些資訊。想得到只有些許接觸或相處不佳的人之資訊，是較不容易的。

對方的生涯抱負會清楚地刻畫出他對人、對情境、及對風險的看法。一個曾經經歷三次裁員的經理人和一個一帆風順、渴望成名的經理人對於風險很可能有不同的態度。事實上，近年來對於品牌行銷經理人的批評之一便是，他們偏向短期高獲利的行銷計劃。這些計劃為他們製造知名度，例如在商業媒體中有個人專訪，卻不必在職位上待很久以承受其計畫的長期結果——無論好或壞。

要記住刻板印象的危險性。至少，想想羅拉對詹姆斯的評估有多離譜——隨便任何一個形象都比欣然接受退休的刻板印象更像詹姆斯。

你的目標對象在那裏念書，得到什麼學位？在某些公司裏，沒有商業文憑的經理人會把擊敗MBA份子視為

神聖的使命。

他以前在那裏工作？如今做什麼，成績如何？如果一位行銷主管升職為一家從前重視生產部門的公司之總經理，合理的推測是，他會更改公司重視的部門。同樣地，公司的「專業經理人」即使在照料不同公司的健康問題時，仍會習慣使用同樣的處方——例如遣散勞工，或把公司重組為較小的策略性事業單位。同樣地，在更一般化的層面上，湯姆‧彼得斯（Tom Peters）強調，對於別人生涯歷史的認識，可以知道他們在過去的工作中是靠什麼「處方」獲得成功，而且毫無疑問地在面對新問題時會再次使用。

對於畢生從事同一類行業的經理人而言，有必要向那些曾在多種行業待過，而且可以綜合多種想法的經理人學習。

對方從前的工作風格如何——他是一步步地了解情況，並且讓他的提議得到共識，還是先裁掉一些經理人來整頓風氣，然後才決定下一步該做什麼？

對方在過去是否有過不愉快的經歷——在某個策略的執行上出了問題，或跟上司或下屬有過衝突？你的目標對象一定會希望避免再發生同樣的情境——熟悉內幕可以讓你了解他對某些受過傷的提案或建議會有哪些反應。

價值觀

　　我們已經談過個人的價值觀會如何影響習慣性的個人風格。同樣的，你的對象也會受到價值觀的影響。這表示你必須找出他的價值觀。

　　你的目標對象喜歡柔性或硬性的管理風格？他是否以Ｘ理論或Ｙ理論來認定人性：儘可能偷懶且缺乏動機（Ｘ理論），或秉性良好且自動自發（Ｙ理論）？你的目標對象是否認為組織存在著平等的夥伴關係「他們和我們」，或不對等的「軍官和士兵」？

　　如果你的目標對象是男性，他如何看待女性——是地位平等的夥伴，還是公司耶誕派對上供人注視的焦點？如果是一個女性上司，她又如何看待其他有抱負的女性同僚——柴契爾夫人在這方面可算是惡名昭彰，在她的內閣中從沒有其他女性：這可以告訴我們她的價值觀和態度是什麼，同時可以推論出其他女性高級主管所擔心的是什麼嗎？

　　同樣地，一個認為凡事都可以協商的人跟一個堅持少數特定觀點的人在行事上一定完全不同。

興趣

　　單憑觀察一個人的辦公室，就可以收集到許多關於他的興趣和動機的線索。有沒有健身房或回力球的成套設備放在辦公桌旁；畢業證書或執照有沒有貼滿牆壁；

家庭合照跟銷售圖表，那一個佔據了最醒目的位置？這些細節都可以提供你機會去和對方建立關係或找到彼此的共同點。舉例來說，羅拉一直都忽視了詹姆斯對於所有航海事務的興趣。

本章討論的所有因素都可以提供線索，讓你了解什麼是目標對象所重視的，而且讓你知道如何安排影響的過程。你搜集到越多對方在組織中的情況、人格特質、及個人情況，你就越能了解對方的心意。而你越了解對方的心意，就越容易在工作上配合對方認同的行爲、價值觀、態度及想法。因而，你就更能充份掌握互動的過程，使雙方都覺得更舒服。

你不需要知道對方這輩子的每個細節——一些重要的關鍵就可以爲你指出正確的方向。當然，如果你知道的越多，你能使用的策略就越多，以及因爲忽略某些事而誤讀對方的機會就越小。

本章概要

- ⊙ 本章的重點在於探討確認誰是影響你達成目標的關鍵人物，以及正確地解讀對方認同的行為、價值觀、態度及想法之必要性。這可以使你完全掌握整個如何影響對方的過程。

- ⊙ 本章也強調要有意識地掌握解讀別人的方式，以避免落入常犯的誤判陷阱。其中一個重要的方法是使用多項指標（例如語言和非語言的線索、組織因素、個人因素），而且要避免使用刻板印象來解讀別人。

概念測驗

你是否知道如何有效地解讀別人的行為與增進你的影響力？

1. 好的經理人之特徵是，他能快速地對別人做出精確的判斷。

2. 第一印象是最準確的印象。

3. 我們往往將別人的行為歸因為外在情境造成的，而非個人特質。

4. 觀察別人的肢體語言是在浪費時間。

5. 語言是獲得別人的看法及動機之有力途徑。

6. 了解人們的興趣、恐懼、及價值觀簡直在浪費
時間。

7. 以後來的資訊再次檢查刻板印象是在浪費時
間。

8. 你工作時的穿著打份對於決定你是否能成功地
影響別人頗為重要。

9. 每個國家的經理人都是十分相似的。

10.調整你的行事作風讓對方覺得舒服是在浪費時
間。

　答案： 1.是、 2.否、 3.否、 4.否、 5.是、
　　　　　6.否、 7.否、 8.是、 9.否、 10.否。

個案研究

羅拉開竅了

從進入新公司迄今，羅拉終於明白她在判斷同僚方面徹底失敗。她承認她只透過自己的觀點來評斷詹姆斯，以至於無法有效地與他溝通。

羅拉下定決心不再犯同樣的錯誤。因此，她把前往美國與市場研究副總裁——麥克·史丹博的會面視為提升她評估別人技能的好機會。

羅拉已經知道麥克不久就要外調到英國六個月，她覺得任何在美國能事先收集到的資料將來都會用得上。

根據在總部的第一次會議情況，舊的羅拉會將麥克歸類為像她本人一樣是理性、結果導向的人。但是，一朝被蛇咬，十年怕草繩。新的羅拉決定要對這個副總裁進行一個像是臨床研究的調查，以建立與他相關的資料檔案。

在稍後市場研究研討會中間的休息時間，羅拉對麥克那條昂貴且相當鮮艷的領帶提出讚美。麥克除了高興之外，還炫耀那是從前的女朋友送的，他現任的妻子非常不喜歡他戴它。透過了這個短暫的交流，羅拉在麥克的檔案中加上了「虛榮」。

羅拉還從小道消息得知，麥克對持下屬很像傳說的船長，而且使用非常獨裁的「鞭苔與鐵鍊」之管理方式。羅拉得到的結論是，麥克對於地位認同的需求十分強烈。

羅拉同時還注意到，只要一些董事會的成員不在時，麥克就喜歡用他們的辦公室來舉行會議，而且總是抱怨說他們的空調比他的好。即使是羅拉也能確認麥克視他自己為董事會行銷部門主管的必然繼承人。

羅拉決定在麥克外調到英國時好好利用這些資訊。一回到英國之後，羅拉就開始為麥克的來臨煞費苦心地準備。她用一個富有個人色彩的標幟替麥克預留專屬的停車位；在行銷部門內貼滿這位貴賓的照片，讓麥克可以立即被認出；並精心策劃了一個與副總裁地位相襯的員工自助式午餐聚會。在午餐中，羅拉甚至暗示麥克會升職到董事會。而英國市場所面臨的一些重要研究議題則完全沒有提到。

麥克接著參加詹姆斯主持的一個會議。羅拉很高興地看到，當詹姆斯拿出羅拉一個相當有爭議性的市場研究提案來詢問麥克的意見時，麥克毫不猶豫地宣稱該提案絕對可靠，而且應該儘快執行。

檢討

1. 羅拉做對了什麼？

摘要

◎ 認清你的目標對象。

◎ 要有意識地進行整個評估對方的過程。

◎ 觀察並且找尋線索。

◎ 認清那些線索可以指出對方的情緒、看法、或
　意圖——換句話說，就是他的特質。

◎ 將這些特質與其他特質做一連結。

◎ 思考對方的行為是受到個人性格或情境因素的
　影響。

◎ 做出評價。

◎ 為你的目標對象建立資料檔。

◎ 不要忽視個體差異、刻板印象、相似性假設、
　及將一切事情歸因為個人因素等陷阱。

實踐方法

1. 不要假設人們會在不同的情境下有一致的行為，同時也不要忽略情境對其行為的影響。

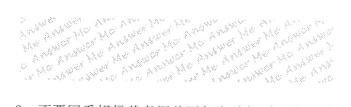

2. 不要因為相信善者恆善而努力地把別人整合成一致的形象；要了解聰明和懶惰、神經質和慷慨是可以並存的。

3. 不要被第一印象過度影響，特別是外表和口音，不要直接把刻板印象套在對方身上。

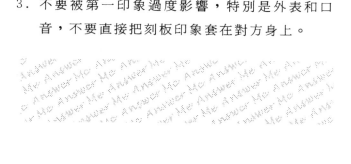

4. 不要自動地把正面的評價和偏好加在那些與你
來自同一市鎮、學校、或社會階級的人。

5. 不要只注意別人不好的地方,也不要漠視別人
的優點。

6. 不要一直使用刻板印象來評斷人。

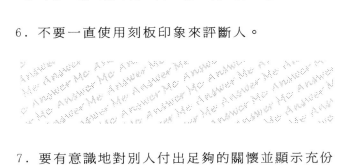

7. 要有意識地對別人付出足夠的關懷並顯示充份
的興趣。

8. 練習同理心——也就是說,試著從目標對象的角度來看事情。

9. 必須意識到你正在做的評斷及你所根據的線索。

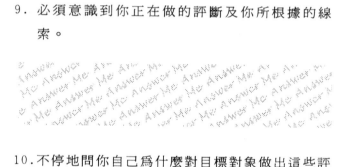

10.不停地問你自己為什麼對目標對象做出這些評斷。

第五章

第三步—診斷系統

◆ 自我評估

◆ 隱藏的系統為何重要？

◆ 影響力與文化

◆ 文化的種類

◆ 診斷文化的工具

◆ 影響力與關係網路

◆ 關係網路的種類

◆ 診斷關係網路—進入的工具

◆ 本章概要

◆ 概念測驗

◆ 個案研究

◆ 摘要

◆ 實踐方法

本章的焦點在於了解組織內隱藏的系統與成功地運用影響力之間的關聯。

對於那些影響行為在組織內可被接受而言,隱藏系統比「正式」的職權管道更有決定性的力量。特別是在扁平化、互相依賴的組織內。

本章將組織文化與組織內的網路視為此隱藏系統的首要要素來檢視,並指出,文化是提供判別那些行為在組織內可被接受的資訊來源,以及經理人須透過網路,積極地運用這些資訊來運作整個系統。

分析這個隱藏的系統是成功地影響別人的關鍵步驟。

自我評估

評估你對於隱藏系統的警覺性

回答下列的小問題,是評估你自己對組織中隱藏系統瞭解多少的一個好方法。這些問題幫助你認清非正式系統到底是什麼,以及此等系統如何影響你為了成功地完成工作所應該採取的行為?

以「是」、「否」回答下列問題,要選擇最符合你現況的答案。

1. 你是否認為一般來說，你知道你的組織所抱持的價值觀，也就是說，那些東西對組織是重要的，以及那些代表麻煩？

2. 你是否知道在你的組織中，誰佔優勢及其原因為何？

3. 你是否想過別人待在辦公室多久，特別是中階主管？

4. 你是否想過會議的正式名稱與實際談的內容之間的差異？

5. 你是否想過那些流傳在組織中的故事及秘聞背後的實際意義？

6. 你是否覺得，大致上來說，你清楚組織內目前發生了哪些事？

7. 你在組織中升職後，是否仍然跟從前的同事、小組、以及部門保持聯絡？

8. 你是否比較喜歡跟別人面對面討論問題？

9. 你是否跟你的消息來源及熟人交換訊息？

10. 你是否會認識其他部門的人（像是秘書之類的），這些人可以提供你一些你原本無法接觸的管道？

11. 你是否會跟外部一些專業團體，像是律師、會計師、廣告經銷商等等接觸？

12. 你是否曾經因為打動某人而得到訊息？

13. 你是否曾經參與過外部的研討會、貿易及專業協會的活動，無論是正式或社交性的？

14. 你是否與其他組織中同等級的人員建立相互連繫的網路？

15. 在組織中是否有人可以幫你散佈訊息？

進一步討論

圈起所有答「是」的問題，數數看你的分數。

如果有十個或十個以上的問題答「是」，那麼你對於組織中隱藏的系統以及它的文化和網路如何運作已經有了不錯的認識。雖然仍有進步的空間，但你大概已經可以成功地運用影響力了。

如果只有五分或以下，你需要大幅度的改進，因為你還不了解隱藏的系統，同時也意味著你在組織中只能發揮極有限的影響力。

隱藏的系統爲何重要？

人們常會談到要透過「正確的管道」來處理事情——這句話表示每一個組織不僅有正式的結構，同時也有非正式且隱藏的結構。

只有天眞的經理人會認爲運用影響力的唯一途徑就是透過正式的管道。完全依賴正式管道會使你輸給那些懂得如何運用非正式系統的人。湯姆‧彼得斯建議，在這個工作新時代中，每一個人都應該培養在整個組織中建立網路的技能。❶　對於成功總經理的研究中，約翰‧柯特指出那些成功者的網路中，有數以百計、甚至數以千計的個體。❷

學習組織中非正式系統如何運作，並且成爲其中的一分子，是十分重要的。如果你被這個非正式系統排除在外，你會受到忽視，或成爲一個被嘲弄和輕視的對象——無論前者或後者，你的影響力都會嚴重地受到限制。在組織中，你會被視爲「孤島」，一個人在沒有資訊管道，當然，也無法和人交換資訊的情形下獨自工作。❸

正如我們在第一章所提到的，商學院所生產的也許只是企管碩士而非企業專家。這些理性的行政管理者常常成爲人力資源管理之正式系統的忠實信徒，致力於工作說明書、績效評估、懲戒程序等等。

但是，本章有更深入的討論，指出成功的現代管理常常要繞過那些正式的系統來完成工作。換句話說，這表示與人工作必須透過組織內部的文化，即利用組織生活中的「軟性面」來運用人力。

正如第四章所言：要認清你的目標對象。理性的管理有時候會讓我們認為人是機器，但他們不是。相反的，情緒和感覺會強烈地影響人們的想法、行為及反應。如果你脫離正式的系統和程序，並從非正式的層面上去打動人們的情緒、感覺和行為，那你在達成目標的過程中就會擁有深厚與具有影響力的根基。

通用電子的執行長傑克·威爾希，在剛晉升到管理階層時，利用情緒及象徵的力量而獲得極大的效果。❹在面對公司受到高營運成本的評擊時，根據理性思考的作法，他應該請教顧問、選派最好的經理人去負責執行改善專案，或成立一個專案小組。但他一件也沒做，取而代之的，他在辦公室裏裝了一條熱線電話，用來接聽採購人員的電話。每當採購人員從供應商那裏順利取得折扣時，他們就會打電話給威爾希。威爾希把接這種電話變成他的信條，無論他當時正在做什麼，成功的採購人員必然會得到他的祝賀。這個非正式的系統不但使採購人員成為英雄——也使威爾希本人成為英雄。

通用電子十分重視非正式系統，而且還推動相關的方案，讓資深經理人擔任資淺經理人的導師，其中包括如何打敗正式系統的建議。❺

商業世界的改變是如此劇烈，包括推動縮減人員、跨功能的工作小組、對外結盟、夥伴關係與交易全球化（所有這些都導致更扁平化的組織結構），這使得正式系統可用來運作影響力的變得越來越少。

哈佛商學院的羅沙貝絲‧莫斯‧坎特強調運作非正式系統的時代已經來臨，並指出這些扁平化的組織需要「新類型的商業英雄」，他們必須學習在沒有官僚體制之職權支持下經營管理。❻ 正如她所說的，這些英雄都「必須丟棄職權，靠自己的能力來建立關係、運用影響力、以及與別人一同工作以達成目的。」❼

這個非正式系統的核心是組織文化和人際網路。所以通用電子的傑克‧威爾希已經體認到文化與網路的力量是完成工作最有效的方法，因此嘗試將通用電子改革為一個網路組織，一家沒有邊界的公司，在其中「我們要敲開那些堵在公司內部阻隔員工，以及在公司外部阻隔員工與重要顧客的牆」。❽

現在我們先詳細地討論組織文化，然後再談網路。

影響力與文化

公司新的、扁平化、相互依賴的結構和系統是靠文化來結合。如果我們要成功地運用影響力，就必須了解組織的文化。

對於組織文化有許多不同的定義。舉例而言，安德魯・派蒂葛魯（Andrew Pettigrew）定義為「在一家企業中，期望人們遵循的行為、活動及價值觀」。[9]而安德魯・卡克巴德斯（Andrew Kakabadse）將之描述為「在不同（或相似）的組織內，人們看待世界、他們的生活、及完成工作的方式之態度。」[10]

無論我們接受那一種定義，文化很明顯是一種規範人們的工作行為之有效的控制機制。正如倫敦商學院教授與組織文化專家查爾茲・韓迪（Charles Handy）所說的：

在組織中，有一些根深柢固的信念：例如，工作的分派方式、權力的使用方式、人員的獎懲、人員的管理。一切要形式化到何種程度？要如何計劃並超前多少？ 身為下屬，服從與採取主動要如何配合？是工作時數較重要，還是穿著、或個人習性？而報公費的額度、秘書人數、認股權等又是以何者為重？是團體領導或個人獨裁？程序跟規定重要嗎，還是只看結果？這些全都是組織文化的一部份。[11]

泰瑞斯・狄爾（Terrence Deal）和艾倫・肯乃迪（Allen Kennedy）是在組織文化的論述方面最具影響

力的兩位學者，他們共同的立場是：

　　想要在公司內獲得成功的人應該知道———至少也要有某程度的感覺———是什麼使公司文化成為現在的模樣。……如果要達成設定的目標，經理人必須非常清楚文化是如何運作的。⓬

　經由對人們行為的准許與禁止，組織文化界定出在組織中可以行使的影響力模式。文化會告訴經理人，那些行為是恰當的。舉例而言，想想下列的價值觀：

◎　永遠不要比你的上司早離開辦公室。

◎　如果你想過得安穩些，就不要強出頭。

◎　就算不忙也要裝出很忙的樣子。

◎　在你做出決定之前，要先探探上司的口風，不要讓他被蒙在鼓裡。

◎　絕對不要直呼總裁的名字。

◎　要到達高處，就必須跟團隊一起行動。

◎　有意義的是結果，不是過程。

　上面的陳述可以為經理人指出，那些行為會被視為恰當。舉例而言，以頭銜稱呼總裁而不用名字，表示該公司較重視官僚體制、職位、及傳統。

你不會在工作手冊上看到這些價值觀。當然，可能也很難在言談中被提及，但這些價值觀存在於實際的行為中，成功的影響者必須了解它們的涵義。

文化提供經理人特別有力的洞察去察覺許多對達成目標有關鍵性作用的資訊之來源。組織流傳的那些過去的英雄事蹟也許是十分有意義的指標，能幫助你掌握目標對象對你的提案會如何反應，組織中的人際系統如何運作，以及哪些事物是有價值及其原因。

這些價值觀、規範、及信念的組合可以強烈到將一個組織轉化成查爾茲‧韓迪所稱的「具有強烈排他性的團結部落」。[13] 這種部落式的價值觀常常因為組織特有的語言、常用的警言、以及特殊的儀式而受到強化。

天騰電腦（Tandem）是加州矽谷著名的公司之一，該公司每星期五下午所有員工均參與的「啤酒狂歡」、高爾夫球課程及游泳池、以及每個重要假日的公司派對，便是這種內聚文化的典型例子。[14]

迪士尼樂園則利用這種部落文化來確保行為的一致性及展現統一的「迪士尼模樣」。[15] 其方法是雇用符合特殊外型要求的員工——包括長相、身高、真誠及牙齒顏色等等。高中畢業就被聘雇的新成員會在工作中漸漸與團體一致而融入新角色。員工成為永遠微笑的角色；工作時，他們是在「演出」，觀光客則是「來賓」，而步行路徑是「充滿吸引力之處」。為了進一步提高

行為的一致性，公司提供各種運動俱樂部和社交活動來鼓勵員工們下班後一起活動。迪士尼在這些付出中得到的好處是，將外界不符公司價值觀對員工的污染危機降到最低。

達美航空公司對於像「家庭」一般的內部凝聚力也有類似的強烈堅持。在1980年代早期企業大失血的年代，達美藉著管理股東的期望而未解雇員工。員工則在事件之後以幾近奉獻的忠誠為公司贏得更大的利益——這場達美的「戰爭故事」包括：以減薪渡過不景氣，資深飛行員自願減少飛行時數讓新進員工可保有工作。⓰

儘管在同一個組織中，也可能有不同的次文化：在銷售部、行銷部、研究部、或行政部工作的人可能各有不同的態度。例如，會計人員也許會重視精確性而且希望維持現狀，而行銷人員則重視創新和冒險。這表示，當目標必須經由許多不同的部門才能完成時，經理人必須看清其中的差異並妥善處理。

不管有多複雜，經理人都必須警覺：

> 在現今這個徹底分權而且各自獨立的組織現象下，……文化未來的地位會比今日更為重要。……未來的商場贏家不但是能夠整合各種價值觀、信念、及文化網路的英雄，也必須是能夠在半自治的單位內維持生產力的術士。⓱

現在，讓我們更仔細地審視組織文化，並探討在不同的背景中，那些是恰當且有效的行為。

文化的種類

有許多模式可以用來描述組織文化，其中羅傑‧哈里遜（Roger Harrison）博士的理論是最能解釋文化且廣爲人知的理論之一。他指出有四種基本的組織文化：權力、角色、任務、及個人。[⑩]

權力文化（power culture）

權力文化的特徵包括強烈、嚴厲、摩擦、競爭、以及充滿挑戰性。這種文化依賴來自中央強力的領導——無論是個人或小組式的中央權力——中央控制並操縱組織內所有的活動。這種權力核心經常將自己置身於許多技術專家之中以聽取他們的建議，藉此製造一個全能的形象。

這種組織的運作方式通常是由下屬去猜測上司要什麼，然後加以完成。小道消息被用來猜測上頭想要的東西以及當做下個行動的參考。

在權力文化中，決策可能獨裁或政治鬥爭後的結果。雖然在決策方面可能存在著尋求共識的正式管道，

但少有人會使用這些管道。

　　要在這種文化中成功，專門技術並不是最重要的因素；最重要的是能讓層峰注意到你擁有廣泛的人際關係、資源、地位、及知名度。

　　梅鐸的媒體王國就是權力文化的典型。梅鐸從中央統治他的王國，並雇用技術專家來建立與維持他的權力基礎。他經營的是一個嚴厲、傷人及充滿競爭的企業。在其中，個人的價值就是他們的工作表現。在梅鐸的王國中，規定、程序、及委員會都受到漠視。正如當時太陽報的編輯凱文‧麥肯錫所看到的：「……合作關係與公共關係是狗屎。對他而言，只有兩樣東西重要的——能轉成銷售金額與投書的讀者、以及他本人。」[19]

　　詹姆士‧韓遜以其性格中的霸氣及威權統治著資產驚人的韓遜商業王國，因而被稱爲韓遜大帝。他的傳記作者提到，韓遜喜歡置身在王國網路的中心，經由直接對高級主管下達命令或由他的三位秘書傳達命令來控制局面。大家都知道這些高級主管十分害怕聽到他從電話另一端傳來的聲音或看到他走進他們的辦公室。[20]

　　當哈羅德‧賈納恩接管國際電話電報公司之後，他將它從一個安穩自得的公司改變爲美國該時期成長最快及獲利最高的公司之一。他成功的最大原因是建立了高度中央集權的文化，以他爲核心，由一群積極進取的中央幕僚及緊密的財務制度所支持著。[21]

賈納恩的管理風格中一項重要工具就是每月的部門
檢討會。大約有一百五十位經理人會被邀請參加會議，
環坐在一張面前放著麥克風的長方型桌前。這些不幸的
經理人接著會受到賈納恩的中央幕僚對工作成果展開強
烈及迅速的質詢。賈納恩坐在桌子的中央看著。只要有
相關知識不足或缺乏的徵兆，他就會立刻加入並將該經
理人撕成碎片。這種劇烈的壓力使許多經理人流淚崩
潰。

角色文化（role culture）

　　角色文化是典型的官僚政治組織，透過規章、
程序、及工作專業化來管理。因此，焦點主要擺在透
過規定的權力關係、正式的溝通程序、以及個體之間
很少有接觸的情況下完成工作。個體被要求完全依循
工作說明書的指示來工作：超過要求的成果並不必
要，更確切地說，會被視為具有威脅性。
　　角色（伴隨著規定和程序、及職位賦予的權力）
是影響力的資源。與權力文化相反的是，任何偏離角
色的影響策略都會令人厭惡。

　　美國第四大公司，舊IBM，傳統上有著高度以規定
來約束員工的角色文化。 ❷事實上，IBM的創立者湯瑪
斯·華森（Thomas Watson）幾乎對所有的事物都加以
規定：深色西裝、白襯衫、條紋領帶是「制服」。縱

使下班之後喝酒也是被禁止的。IBM曾因為一個女性員工跟競爭對手的員工約會而將她辭退。員工被調職的頻繁程度讓公司內部的人戲稱 IBM 的名字應是「I've Been Moved」（我被調職了）。這些規定到了今天已經比較寬鬆，但那種謹慎的氣氛仍然存在。

　　速食企業麥當勞是另一個高度角色文化的例子。所有事物都加以具體說明——獎勵制度、政策、程序、行為的規範、漢堡烹調的時間、食物如何放在盤子上、如何迎接顧客——這些只是限制行為的無數規章中的少數幾項。

任務文化（task culture）

> 　　任務文化的焦點在於工作或專案。組織雇用專家團隊來處理特定的任務或問題。權力與影響力來自個體所擁有的專業知識，而不是職位或個人的力量。因為個體是在小組中工作，所以相較於被選派擔任特定的工作角色而言，他們會覺得更有職權。而且小組強調隸屬於組織，而非某個個人。

　　舉例來說，康柏電腦公司選擇應徵者時，就是依照他們能融入公司這種任務導向文化的程度。正如一位高級主管說到：「我們可以找到許多稱職的人，……但第一要素是他們是否能配合我們運作的方式。」㉓

在康柏，他們從工作應徵者挑出那些可以很容易和睦相處並對於公司一致的管理風格感到舒服的人。為了增強這種相似性，獨立自主的人及自我意識過強的人會被剔除。因此，同一個應徵者被十五個由公司各部門及各類高層主管組成的委員會一起面試並不特別。[24]

在這種文化下，不同的小組可能因為資源分配不足而彼此競爭。當組織面臨困境時，此種文化可能轉為角色文化或權力文化。

個人文化(person culture)

個人文化比較罕見。這種文化的出現是組織為了滿足客戶對創意或技術的需求，而不是自身的任何目的。這種文化常常在律師事務所、建築師事務所、以及一些小型顧問公司中出現。沒有正式的官僚體制，也沒有任何正式的管理機制，這些機構運作的基礎是全體取得共識。影響力常常是雙向的，而權力則來自專業技能。

有時候個人文化會與任務文化或角色文化共存。專業員工也許會視他們的組織為自己追求專業興趣的根據地，這常常可以在大學的教職員身上發現。

要對這類人員使用影響力和權力會十分困難，因為

他們的專業技能廣受需求，可以輕易在其他地方找到工作。

診斷文化的工具

如果你要在體制內成功地運用影響力，你就必須發展出能夠辨識組織文化類型的能力。正確的診斷涉及許多工具，包含下列各項：

◎　客觀性

◎　誰佔優勢？

◎　服務年資

◎　正式程序背後的隱情，以及

◎　秘聞與故事❷

客觀性

正如我們在第三章所提到的，精確的認知需要我們放棄自己對於完成工作之正確方法的價值觀和假設。如此，系統與情境方能被客觀地評估。如果經理人以自己的價值觀去詮釋組織文化，那往往會錯估公司中重要的事物，佔優勢的人，及重視哪些專案——簡而言之，他會誤判。這會是成功的絆腳石，因為組織的文化價值觀就如同一非正式的控制系統，告訴著人們組織對他們有

哪些期望。

回頭想想在個案研究中羅拉的例子：她將自己的價值系統和假設套入，用來判斷組織的文化，以至於在判斷上犯了錯誤。因此她表現出來的行為在公司的文化中顯得格格不入。

誰佔優勢？

你必須了解誰在組織中佔優勢及其原因。佔優勢的是熱心肌肉男、行銷高手、還是有識人之明的人？這項洞察透露著組織文化的信念與價值觀。人們佔優勢的原因來自專業技能、年資、或工作成果？

在沒有外界干擾的前提下，文化常有自我延續的傾向。例如，一位因處事謹慎而獲得升職的經理人，很可能會拔擢跟他相似的員工。因此，在組織內的其他人便會複製其行為。

約翰・德洛倫對於通用汽車在1960到1970年代的實務做了強烈的批評，稱之為「晉升不當的候選人」。[26] 在這種實務下，財務部門靠著拔擢對職位沒有競爭力的人員而建立了穩固的權力基礎。這些人會成為經理人手中一群忠誠而順從的團隊，會接受他們恩人的命令，因為「恩人」對他們「有恩」。對於德洛倫而言，這種實務正是通用汽車文化衰退的象徵。

服務年資

在人們會長期待在同一份工作的文化中，他們往往不會有特別的動機去進行快速的變動。這再次的告訴你一些有關組織文化的信念與價值觀。

MCI公司的作法則反映著創始人威廉·麥高恩的信念，即年資與對公司的忠誠度都不重要。該公司沒有褒揚五年、或十年服務年資的獎章，因為這會暗示在公司服務較久的員工從某種角度來看較好。正如麥高恩所說的：「相反的意見幾乎總是實情。而那些新人，年輕的員工，他們便是由此帶來了新鮮的想法和能量。」[27]

為了維護這種價值觀，MCI明文規定至少有一半的職位必須向外界延聘。

正式程序背後的隱情

從第一章明茲伯格的討論中，我們瞭解經理人花了許多時間在開會上。當然，會議中會有正式的議程和記錄，但更重要的是非公開的部分。在會議中，成員們會互相爭吵嗎？如果某個成員所提議的購併案並未產生預期的報酬，他會因此受到責難嗎？當老闆暴怒時，誰發起支持同僚的行動？哪些東西未加以討論？

同時也要注意資深人員花時間寫的東西。下屬對某個計劃所提出的建議，會被上級以要求更詳細（但並

不重要）的資料而受到擱置，還是會因為能提高組織
的績效而受到稱許？

秘聞與故事

狄爾和肯乃迪建議應該對於組織中流傳的軼聞故事
給予特別的重視。他們認為，同一個故事可以被許多不
同的人重覆必然有其特殊意義。[24]

他們建議，經理人應該去找出每個傳說背後的意
義，因為會顯示出組織認同何種行為的寶貴訊息。舉例
而言，那些故事可能指出誰是英雄，無論管理當局是支
持或杯葛，無論顧客是夥伴或肥羊。例如，3M 有一個
故事，說有一個員工因為持續在一個新產品的構思上努
力，甚至上司叫他停止也不放手而被辭退。但儘管被辭
退了，那個人仍繼續回公司在一間無人使用的辦公室發
展他的新產品。最後他終於再次被雇用，而且在這個新
產品上獲得極大的成就，並爬到副總裁的職位。這個故
事在強調創新的 3M 文化中突顯一個重要的價值觀——
堅持你的信念。[29]

影響力與建立關係網路

　　認識文化是進入非正式系統的第一步，它為經理人提供指引，讓他們知道哪些行為和動作是組織樂於接受的。然而只有在積極地透過建立網路的程序在非正式系統中運作，你才能夠成功地運用這些資訊。

　　「網路」或興趣團體，是大部份的組織之核心，特別是扁平化、互相依賴的組織結構。經理人想要有效地運用影響力，就必須接通網路這項權力的潛在資源。網路提供了「聯繫的力量」──你在組織內外有越多越廣泛的個人與專業門路，你的權和影響力也就越大。

　　據阿瑟・斯勒辛格(Arthur Schlesinger)所稱，富蘭克林・羅斯福是一個技藝高超的網路建立者：

　　　　正如羅斯福所見，行政人員的首要任務，在於確保自己擁有一個有效的資訊流通管道。……因此，羅斯福持續致力於以來自私下、以及非正式管道所得到的無數訊息來檢查及平衡那些從官方管道得來的訊息。有時候，他看起來像是想讓他的個人資源與他的公共資源做一競賽。㉚

　　建立網路對於具有影響力的經理人之利益是明顯易見的。

　　最成功的影響力企圖須建基於謹慎的計劃、人際網路、及持續的努力。在佛瑞德・魯桑斯（Ｆｒｅｄ Ｌｕｔｈａｎｓ）及其同僚對超過 450 個經理人所做的研究中，他們嘗試去研究在組織中快速晉升的經理人是不是與那些最能有效完成工作的經理人從事相同的活動並有著相同的焦點。[31]一般來說我們會預期晉升的速度應該與工作績效相關，但這不一定正確。

　　圖四指出最成功的經理人（就晉升的速度而言）與有效能的經理人（就工作績效而言）有著非常不同的焦點。對於獲得晉升而言，架設網路是最重要的要素，人力資源管理最不重要。相反的，對於有效能的經理人而言，溝通最重要，架設網路則最不重要。這個研究無疑地證實了想在組織中出人頭地，設置網路的重要性。

　　　　在魯桑斯的研究中，架設網路被定義為包含社交／政治以及與外界人士互動等活動。
　　　　社交活動／政治活動包括跟工作無關的「閒話家常」、非正式的玩笑、討論傳聞、發牢騷、抱怨、貶損別人、政治活動、以及一些小動作。
　　　　與外界人士的互動包括應付顧客和供應商、公共關係、參加外界會議、以及參加社區服務性活動。[32]

圖四　兩種經理人對各種活動的時間分配

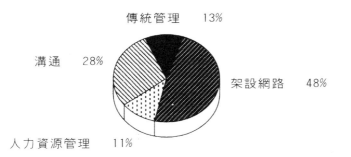

快速晉升的經理人

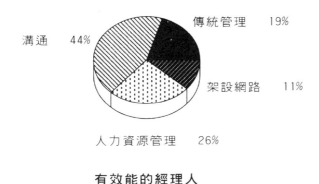

有效能的經理人

資料來源：F. Luthans、R. M. Hodgetts 及 S. A. Rosenkrantz 合撰的《真正的經理人》(Real Managers)。

在明茲伯格著名的研究中，頂尖的經理人被密切觀察大約一週的時間，他們做的所有事情都被記錄下來。明茲伯格發現，為了有效地工作，他們強烈地依賴口語接觸及架設網路。在研究中，接觸的網路包括上司、下級、同輩、以及組織中其他的個體，另外還包括了許多外界人士。有一些接觸是私人性質的，像是朋友和同輩。其他則是專業的，像是顧問、律師、及保險業者，以及交易上的接觸，包括顧客與供應商。這個研究有力地支持著為了擁有影響力及有效地完成工作，經理人需要建立廣泛的接觸網路。[33]

架設網路可以在組織內部創造權力和影響力。舉例來說，人力資源部門很少在組織中擁有太大的權力。[34] 當然，凡事總有例外——蘋果電腦公司有一段時間是由工程部、行銷部、財務部及銷售部所主導，而在這些部門互相鬥爭時，人力資源部趁機與這些不同的部門建立接觸網路：

因為建立了滲入組織每個裂縫的網路，賈伊・艾略特（ *Jay Elliot* ）和瑪莉・佛德尼（ *Mary Fortney* ）……知道正在發生的一切事——誰心情不好、誰在嫉妒、誰對誰說了什麼……所有的

接觸早就設計好的，而人力資源部擁有接觸的劇本。佛德尼是一個促進者……她領導整個程序，像一個站在幕後但不時提出微妙且時機合適之評論的心理學家。❸❺

透過網路，經理人常常交換能完成工作的權力與能力，目的是要建立強大的互惠關係，以便有迫切需要時，能獲得足夠的幫助以確保迅速完成工作。

在描述新任命的員工關係經理人時，羅伯特・凱普蘭（Robert Kaplan）提供了一個例子：

　　我想要擁有不同於小組成員須向我報告或我的上司所擁有的權力基礎，所以我努力的與美國其他產業建立連繫，直到我跟 IBM、TRW、寶鹼、杜邦、及通用電子這些公司中與我地位相等的人建立熟絡的交往，而且可以得到他們的資訊——那些資訊是我的組織中別人無法得到的。❸❻

凱普蘭並對照過在組織中橫向關係的增強與國際性交易路線的建立。他認為，經理人每次換工作時，都必須維持舊有及建立新的交易伙伴網路。

網路往往決定於成員們的價值觀和目的。在大部分的情形下，網路是環繞著相似性原則而建立的，也就是我們在第二章談到的六個影響力原則中的第五個。在網

路中，有相同特徵的人常常聚集在一起，也就是說，人們傾向於與自己相似的人結合在一起，以便討論和交換資訊。

網路可以涵蓋組織內部與外部的關係。在約翰‧柯特所研究的總經理在上任後，至少把頭六個月的時間花在建立組織內部及外部的網路上。❸ 這些總經理了解要成功地完成他們的日常工作，網路是不可或缺的。他們會致力於跟那些他們認為有潛力將來能幫他們的人建立起關係。

網路有許多不同的種類，也有很多不同的分類。現在讓我們開始討論潛在的影響者要達到影響目的時，需要接通的網路。

關係網路的種類

專業網路

專業網路由一群專業人士組成，他們聚在一起討論共同的專業議題。這種網路可以是正式的，像是以行銷或製造為基礎的協會，或非正式的，像是從事法律工作的女性。

在1990年代中期，專業人士佔了美國勞動人口的百分之二十，這可以讓大家了解專業網路所能產生

的巨大影響力。㊳

　　正式網路的功能包括遊說、建立進入的門檻以控制成員的素質、以及提供進一步的訓練發展。非正式網路的功能則包括交換資訊、建立連繫、發展專業、以及智力上的刺激。

　　考慮梅鐸的例子，他看起來像是威權上司的典型。然而，在一段很長的時間裏，他趕不走在他的報社中一個惹麻煩的年輕記者。那個記者的父親在全國新聞工作者聯盟（National Union of Journalists, NUJ）中擔任工會領袖，但這只是整件事的一部分，同樣重要的是，那個記者的兄弟在另一家梅鐸想要購併的報社之印刷工會中有著決定性的地位。㊴

排外的權力網路

　　「如果你要殺價，就不應該在這裏購物」——排外的權力網路是專屬於那些已經擁有極大權力的人或那些為了更進一步提高及維持權力而希望與同儕結合的人。

　　以成績定輸贏或公平競爭在這裡是不存在的。菁英主義、私人接觸、和引見才是進入的管道。你不必申請——你是被邀請加入的。這是一種由母校情誼或朋友關係主導的網路。

在卡洛（Caro）所撰關於林登‧詹森早年的傳記中，顯示出私人連繫對詹森取得華盛頓的影響力之重要性。當他還只是李察‧克雷貝格（Richard Kleberg）的國會秘書時，詹森已經靠著與羅斯福的行政內閣人員建立友誼而取得了進入特權網路的途徑：

> 不只是詹森認識那些可以給他幫助的有權勢的官員，那些官員也認識他，……而且希望幫助他。要評估這種幫他的意願，可以從詹森爭取到政府資助的辦公室助理數目來看。……這種職位的數量是有限的，……通常是根據國會議員的重要性來分配。一般的國會議員辦公室大約可以分配四到五個，地位較高的議員……也許有二十個。……而李察‧克雷貝格，這個既非資深也沒有權力的議員，分到了五十個。❹

意識形態的網路

> 意識形態的網路通常是指對於特定事件會起自發性反應，而且成員往往來自非常廣泛而且不同性質的團體。這些事件可能跟政治、環保、社會、或整體經濟有關。他們的目標常常有不同的變化。

近年來較強大的意識型態網路例子包括法國核試引

發的全球性杯葛法國食物的行動，殼牌石油公司提議將布蘭特・史帕爾（Brent Spar）儲油平台的設備棄置海中而引發杯葛該公司的行動，以及法國人因反對首相提議重組公共部門而引發的示威運動。

這類的網路對於希望的結果往往都有共識——但對於必須使用的手段常常有不同的意見。

診斷關係網路—進入的工具

接通網路

要在二十一世紀擁有影響力，你必須接通網路，以及一旦進入了網路，就要開始培育它們。朝向查爾茲・賽維基（Charles Savage）所謂的「第五代管理」的運動是十分快速的——即脫離舊式高聳的官僚體制，朝向扁平化的網路組織——因此現在的實際情況是：「沒有網路，你就沒有影響力」。

進入一個網路不只能提供給你該做什麼的資訊，更提供了該「如何做」的洞察。沒有可以自動進入網路的門道，但有兩個必須遵循的重要程序：(1)挑出網路的把關者，(2)確保你符合該網路的規範。

挑出網路的把關者

任何網路都有一個控制進出的把關者。把關者可以成為潛在加入者的保證人。找人來推薦你，以不循正式管道的方式進入，是成為其中一員的最佳捷徑。

回到我們先前有關林登‧詹森的例子，他早期能夠爬升的主要原因是透過他與某人發展的關係，此人就是山姆‧雷伯恩（Sam Rayburn）。雷伯恩的把關者地位幫詹森開啟了進入有權力的資深議員們非正式聚會的通道，以及接近一些政治組織的門路。身為一群如此有權力者的朋友，詹森很快就成了有名氣且受人尊敬的人。

符合該網路的規範

就像具有排他性的倫敦式俱樂部，網路有著極為神聖不可侵犯的慣例和規範，如果有成員違反，付出的代價包括從最輕微的「被孤立」到最嚴重的「被驅離」。

不曾當過英國首相的邁可‧赫索泰就是一個典型的例子。由於不遵從網路的規範，使他想推動的目標到處受到阻撓，正如他的傳記作者朱利安‧克利契雷（Julian Critchley）所述：

> 赫索泰忽視下議院。他的公衆支持度也許很高，但他在吸菸房出現的次數則深受評議。……

大家都在猜測他到底能記得幾個同僚的名字。赫索泰的孤立，部分因為個人氣質，部分因為自傲。正如赫索泰曾說：「我不是一個很善於交際的人——拿杯飲料懶洋洋地閒坐在那裏，等著人們走過來跟你聊天。那種閒話家常的事是消磨時間的活動，而我真的有很多工作要做……。」❷

在網路中建立深厚的影響力

要成為有影響力的經理人，必備的技能首推能夠推動「合作」，即社會心理學家所說的「互惠」。你必須學習如何在網路中與人互惠，這樣你才可以累積信用以便日後從中獲利。你也該了解用不同的籌碼與不同的人交易。艾藍・柯恩和大衛・布萊德福指出了五種可能的交易籌碼：

◎ 與啟發有關的

◎ 與任務有關的

◎ 與職位有關的

◎ 與關係有關的

◎ 與個人有關的

對於這些在圖五中有詳細的解釋。❸ 無論你打算使用何種籌碼，你必須儲備足夠的人脈，他們願意並且有能力支持你達成目標。

接通小道消息

各式各樣的網路都可以藉由「小道消息」，即社會心理學家所稱的「組織中非官方的溝通網路」來接通。想要擁有影響力的經理人必須保持對於小道消息資訊的敏銳觸覺，即使他們可能不是這種消息網路的一份子。接通小道消息可以幫你獲得在使用影響力時的相關資訊，同時也讓你可以充分檢驗某個特定的想法或提案。

小道消息對於了解你的目標對象之個人內在是十分有用的。以華特爾‧瑞斯頓(Walter Wriston)為例，他是第一國家銀行（First National Bank，後來改為花旗銀行Citicorp，是全球最傑出的金融機構之一）的領導人。華特爾‧瑞斯頓精通於建立非正式的資訊網路，正如他的同伴哈利‧李文生(Harry Levinson)所述：

> 他十分依賴組織各個地方傳給他的資訊。他不只瞭解並吸收那些部門及小組領導人的感受，而且對於商場環境及變動永遠保持警覺，而這些變動也許不會在一般的資訊流動管道中被發

圖五　組織中常用以交易的籌碼

關於啓發的籌碼

願景	涉及那些對單位、組織、顧客、或社會有重要意義的任務。
卓越	有機會很成功地完成重要的事情。
道德／倫理上的正當性	以較「效率」爲高的標準做「正確」的事。

關於任務的籌碼

資源	借予或提供金錢、增加預算、員工、或空間。
協助	對現行的計劃給予幫助或承擔煩人的任務。
合作	對任務給予支持、提供更快的回應時間、稱讚某個計劃、或協助執行。
資訊	提供組織方面及技術上的知識。

關於職位的籌碼

晉升	提供有助於晉升的任務。
認可	表揚對方的努力、成就、及能力。
知名度	提供被組織中高職位的人或重量級人士賞識的機會。
名聲	增加爲人所知的頻率。
重要性／局內人	提供重要感或歸屬感。
網路／接觸	提供機會跟別人接觸。

關於關係的籌碼

接納／包容	提供親密及友誼。
個人支持	付出私下及情感上的支持。
理解	聆聽別人所重視的事情和問題。

關於個人的籌碼

自我概念	肯定對方的價值觀、自尊、及認同的事物。
挑戰／學習	分享會增加技能和能力的任務。
所有權／投入感	使別人得到所有權和影響力。
感激之情	表達感激或感恩。

轉載自美國管理協會出版的《組織動力學》（Organizational Dynamics）。

現。……對於在組織中各種流通的想法……他總
是有非常敏銳的觸覺。」❹❹

根據《財經世界》（Financial World）的訪談的
結論指出，華特爾‧瑞斯頓非常了解不諳時勢的危險，
他特別在傑克‧威爾希接管通用電子時給予這方面的警
告。❹❺他解釋爲什麼處在最高位的人往往是最後一個知
道關鍵性細節的人——然而藉由小道消息可以使他成爲
第一批知道的人。華特爾‧瑞斯頓的忠告適用於所有的
經理人，不僅是那些處最高位的人。如果沒有門道進入
小道消息的溝通網路，你就注定是狀況外的人。

地鼠與大嘴巴

經理人可以透過中介物（媒介物／中間人）來接通
消息管道，這些媒介物被稱爲「地鼠」和「大嘴巴」。

地鼠主要的工作是傾聽，他們將資訊傳回給
經理人。他們大多是基層主管，但更重要的是，
他們每日能輕易地接近員工，這是比他們高階的
主管所不及之處。地鼠跟間諜沒什麼分別——他
們最好的成果是在沒人知道他們爲誰工作的情形
下暗中完成的。

英國內閣大臣利用他們的國會私人秘書來獲取政治性的小道消息。正如朱利安・克利契雷諷刺地描述：

> 一個大臣的孤立不是絕對的。近年來甚至最不起眼的人也有議會私人秘書。……私人秘書的任務是為主人的酒加上蘇打水，幫他穿外套，以及讓他保持消息靈通。❻

地鼠往往是隱藏在王座後的權力，因為他們是上司的耳目。關於地鼠或「耳語」的一個經典例子就是哈瑞・班奈迪（Harry Bennett），他是老亨利福特晚期的保安局長。在那些年間，班奈迪設法得到了老福特的歡心，並建立了一個遍及整家公司的間諜及保安網路。班奈迪因為掌有大權，因此當老福特快八十歲而健康開始衰退時，班奈迪開始構思並執行一些方案，將那些對他這個保安總裁沒有忠誠度的高級主管排除。靠著克拉・福特（Clara Ford，亨利的妻子）及艾德塞爾・福特（Edsel Ford）的遺孀主動積極的干預下，才免於被班奈迪完全接管整家公司。在亨利福特二世被任命為總裁那天，班奈迪尖刻的批評：「你正要接管一個你不曾有任何貢獻的億萬資產的公司。」❼

　　如果地鼠負責傾聽，那麼「大嘴巴」的功能就
是傳達。如果你想要非正式地散播某個提案，以評估
如果正式實行是否會被接納，「大嘴巴」們是你最
佳的管道；如果反應是正面的，你就可以迅速地正式
開辦。如果反應是負面的，你只要保持安靜，並拒絕
爲那個提案負任何責任，直到需求漸漸提高。你可以
在任何地方找到大嘴巴：會議室、打字員間、甚至是
在購物區。

　　在 1974 到 1979 年間，羅德‧唐諾赫（Lord
Donoughue）曾是哈羅德‧威爾遜（Harold Wilson）
的主要顧問之一，被人與伊麗莎白時代的弄臣相提並
論。⑭ 他最擅長於交易資訊，以他所知道的來交換別人
知道的，這個過程是在一個親密盟友的網路中完成。他
因而獲得了連他自己都承認無法長期保持的一種無所不
知且具有影響力的名聲。

　　網路是組織內與組織間一股強大的勢力。每一家公
司都有網路，無論是多小的公司。經理人無法承擔忽視
網路的後果，他們必須利用網路來完成工作。

本章概要

- 本章探討組織的隱藏系統和成功的影響行為之間的關係。

- 本章審視了組織文化和組織網路，並視之為隱藏系統的首要要素。

- 本章披露文化如何成為指出哪些影響行為是組織所接受的非明文指導手冊。

- 人際網路是我們用以收集資訊的管道，藉此我們得以主動運作非正式系統。

概念測驗

你是否清楚組織的隱藏系統以及此等系統對於成功運用影響力的影響？試回答下列問題來檢查你的了解程度。

1. 經由正式的職權管道才能得到最佳的結果。

2. 具有影響力的經理人從不理會在組織中流傳的神話和故事。

3. 經理人可以經由建立與人們情緒和感受相關的人際關係，也就是所謂的組織生活的「軟性面」，來散發影響力。

4. 組織文化是非書面指南，指出在不同的組織中哪些影響行為可以被接受。

5. 要成為成功的影響者，經理人必須發展出認識及診斷企業文化的技術和能力。

6. 人際網路是我們可以用來運作非正式系統的核心資源。

7. 網路是與連結權力的重要資源。

8. 在經理人順利升職中，網路提供了最大的貢獻。

9. 網路常常由其成員的價值觀和目標來決定。

10.網路容許具有影響力的經理人強化相似性原則，也就是：「物以類聚」。

答案：1.否、2.否、3.是、4.是、5.是、
　　　6.是、7.是、8.是、9.是、10.是。

個案研究

活化隱藏的系統

　　雖然羅拉曾經誤以為詹姆斯和自己一樣，是個理性、以成果為導向的經理人，如今她決定一掃這些誤判，開始對於如何操控詹姆斯及公司其他人在策略上做完全的修正。

　　她知道她所要做的第一件事就是，忘掉她個人對於何謂良好的專業管理實務之價值觀。在工作時，她應該開始做公司會接受並且認為有價值的那些事。

　　羅拉決定在一個她需要別人認同的提案中試驗她的新戰略。這個提案是要辭退勃特，他是一個缺乏技術能力的品管及客服部經理，而且無意提升自己的專業技能。

　　羅拉現在知道，如果她對詹姆斯提出純理性的說辭，像是劣等的產品品質和劣等的顧客服務水準有損公司利益等內容，詹姆斯是不會接受的。相反的，羅拉必須設計一個可以令詹姆斯自己得到跟羅拉這位理智性的行銷主管相同結論的策略。

　　因此，羅拉計劃了一個戰略，以第三者為導線，將勃特的資訊洩露出去。羅拉重新複習在唸企管碩士時讀到的一些有關小道消息的力量以及地鼠和大嘴巴的效

用，儘管那時她認為這些聽起來像是幻想小說的情節而不像是有效能的管理實務。

羅拉開始在組織內外會與詹姆斯有接觸的人身上運用她的接觸網路。她利用他們把資訊傳到詹姆斯的耳中，希望在他的腦中播下懷疑的種子。

她的大嘴巴之一便是詹姆斯的私人秘書卡珊多拉。卡珊多拉不喜歡勃特在午飯時間跑去喝酒，而且常常在回到辦公室時對她瘋言瘋語。因此，當羅拉謹慎地告訴卡珊多拉說，因為勃特在某次午餐中喝酒而得罪了一位重要顧客，羅拉必須對勃特的喝酒行為給予正式的懲戒時，卡珊多拉對此十分支持。

因此，在某一次詹姆斯要卡珊多拉提醒他打電話給勃特查詢產品退貨比率時，她說：「給你一個小提示，詹姆斯，如果你要的是精確數字，我建議你在午飯前打。」這使詹姆斯開始擔心：軍官晚飯後在軍官室喝酒是一回事，但在工作中喝酒又是另一回事……。

同樣的，羅拉在貿易協會中，對詹姆斯也認識的另一家公司總經理再次植入同樣的訊息。羅拉告訴這個人，菲力浦，關於與最大顧客訂單有關的意外事件：一個眼光銳利的運送部門的成員在產品要送出前發現產品不符要求。在正常程序下，這個運送命令應該暫停並告知勃特；然而為了某些只有勃特自己才知道的理由，勃特拒絕開天窗而使自己牽扯在內，並命令將所有貨物送運，不管是什麼品質，他說：「絕對不要告訴行銷部

的人。」以及「就讓我們否認一切問題」。更糟的是，羅拉從小道消息聽到這個長期的顧客從那時開始，決定要慢慢將訂單抽走。

當菲力浦對詹姆斯講述這個關於勃特的故事時，詹姆斯對於一個他視為高級主管儲備人才的人竟然做出這麼不負責任的行為，以至於可能危及到他的生計而感到震驚。

在下一次行銷會議時，詹姆斯問羅拉她所提的人事變動會不會對勃特造成影響。羅拉答道：「是的，我從工作人員那裏聽到了一些怨言，但……」，詹姆斯打斷了她：「這完全可以了解，這已經足夠說明我們需要清理甲板，而勃特便是該清理的。他曾是個不錯的人，但如今實在不能勝任工作了。」

羅拉在內心裏笑了，並且告訴自己，畢竟組織行為的課程中是真的有些東西。

問題檢討

羅拉這次做對了什麼？

摘要

◎ 要持續嚴謹地分析組織的文化。

◎ 當你嘗試運用影響力的行為時，應符合貴組織文化中的規範、價值觀、及信念。

◎ 在影響別人時，應避免只依賴正式的管道和制度。

◎ 使用相似性原則積極地建立與發展網路。

◎ 記得要積極地交易資訊，使你能夠在你的網路中運用影響力。

實踐方法

1. 回顧某個你嘗試只透過正式、理性的手段來發揮影響力的情境。該次的策略是否成功？

2. 仔細回想某個情境，理性上你明白自己應該怎麼做，但情緒上的感覺卻相反。如果有一個第三者不但體諒到你的感覺和情緒，還考慮到理性的準則，想想你會有何種反應。

3. 試客觀地考慮貴組織當下的環境，再仔細考量你的行為與它的規範、價值觀、和信念符合的程度。

4. 試檢視你現在的接觸網路，想想你可以如何開始主動地在組織的內部和外部擴充你的圈子。

5. 試著認清可以將你引入新網路的把關者。

6. 試指出網路所堅持的價值觀，並思考你能調整
自己的行為去符合這些價值觀至何種程度。

7. 試著讓網路中的人喜歡你，討得他們的歡心。

8. 開始跟周圍、組織中高層或低層可以擔任地鼠
和大嘴巴的人建立接觸。

9. 藉由對小道消息保持敏感來建立你的資訊基
礎。

10. 試著找出並開始著手一個需要獲得接觸網路之
支持的提案。

第六章

第四步
—決定策略和戰術

- ◆ 自我評估
- ◆ 有系統地發揮影響力之必要性
- ◆ 影響力的八個戰術武器
- ◆ 不同的目標和對象採用不同的影響力戰術
- ◆ 採用多項影響力戰術的必要性
- ◆ 對於上司、同僚和下屬的戰術
- ◆ 使用軟性或硬性的戰略手段？
- ◆ 管理影響力的分類
- ◆ 本章概要　　◆ 概念測驗
- ◆ 個案研究　　◆ 摘要
- ◆ 實踐方法

本章的重點是有系統地了解影響力的戰術和策略之重要性。

我們檢視八種經理人可以使用的影響力戰術武器，並指出它們該如何應用；也審視了不同戰術的效果，以及如何針對不同的目標和特別對象採用不同的戰術。此外，本章並比較可運用來影響上司、同僚、和下屬的各種戰術。

本章強調在運用影響力時，使用多種影響力戰術的必要性。

我們將戰術分類為軟性或硬性的影響力策略。以今日這種扁平化的組織結構以及個人心理對影響力的反應過程來說，軟性策略證實較為有效。

總而言之，本章以運用影響力的技能高低來劃分經理人的類別。

自我評估

執行影響力的八個戰術武器

以下的問題是設計來幫助你評估自己對影響力的八種戰術武器之運用與了解。

閱讀以下的影響力策略清單，並以它們「是」「否」適用於你現在的狀況來回答。

1. 在做決策的過程中，你是否會設法讓你想要影響的人參與？

2. 你是否曾採用請求、威脅、或恫嚇來使人配合某個要求？

3. 當你嘗試去說服一些人接受你的提案時，你是否曾以更高的職權為訴求——例如，你有沒有聲稱「董事會堅決認為……」？

4. 當你嘗試去說服一些人接受你的提案時，你是否提供未來會有某種回報的暗示？

5. 當你對上司或同儕提出提案時，你是否曾遊說其他人支持你的立場？

6. 你是否曾在提出要求之前，嘗試奉承你的對象使他覺得高興？

7. 你是否曾以數據和事實來說服別人相信你的提

案之價值？

8. 你是否曾運用情緒感染力，例如美好的遠景，來激起別人對你的想法之憧憬與認同？

進一步討論

在影響力眾多的戰術武器中，本章討論的八種手段最具有代表性。回答四個「是」或更多的經理人對影響力戰術的處理上已經有一定程度的成效了。

如果只有三個或更少的「是」，則表示該經理人的影響力技能還需要相當的磨練，因為他很可能在運用影響力的過程中有很高的失敗率。

所有的陳述都答「否」的話，表示這個人過著組織隱士的生活，對於組織而言，他完全沒有影響力。

有系統地發揮影響力之必要性

在這之前，我們檢視過影響程序的步驟，例如，自我認識、價值觀、目標和標的，洞察目標對象的世界、以及讓你的行為使目標對象感到輕鬆。

我們同時也強調認識組織的隱藏系統、組織的文化、行為的規範、以及與正式結構交織的非正式人際網路等等之重要性。

下一個合理的步驟就是討論各種影響力的戰術及策略，藉由這些戰術與策略，你可以開始說服別人自願地改變對事物、人員及決策的態度，使你的想法可以順利執行。

雖然在所有組織中，運用影響力是頗基本的活動（特別是在那些扁平化且互相依賴的組織結構中），但只有很少的學者在正式的研究中有系統地指出影響力的戰術。相反的，現代管理文獻中最多的建議只限於一些管理策略的小提示，例如：「經理人應該以讚美和奉承來得到上司的歡心」或「事實與數據是說服的最佳工具」。

雖然這一類的小提示有一定的用處，但並不能有系統地告知經理人，整體來說有那些戰術是他可以使用的，以及指出如何配合情境和影響目的來使用不同的戰術。

不過，在葛瑞‧尤克爾（Gary Yukl）和塞西莉亞‧法爾伯（Cecilia Falbe）最近的研究中指出，當經理人試圖達成目的時，有八種標準化的途徑可以依循。❶本書接下來的章節（含本章）將描述心理學在這個領域的研究，這些能幫助你使用標準化的戰術和策略，以成為具有影響力的經理人。

影響力的八個戰術武器

在要求經理人填寫他們對上司、同事、或下屬使用何種影響力戰術的調查問卷時，發現有八種在現今組織中常見的影響力策略。這八種被我們稱為影響力的戰術武器包括：(1)施壓、(2)求助高層、(3)交換、(4)聯盟、(5)逢迎、(6)理性說服、(7)激勵人心的訴求、以及(8)諮詢。接下來我們會詳細地逐一說明。

戰術一：施壓

根據尤克爾和法爾伯的說法，施壓戰術是透過要求、威脅或恫嚇來影響目標對象。❷

大衛‧基普尼普（David Kipnis）等人指出，施壓戰術的類型包括：經理人不斷地調查目標對象、命令目標對象去完成他的要求、對目標對象大吼大叫、設定難以達成的截止期限、緊盯對方直到工作完成、以言語

表示忿怒、安排面對面的攤牌、及詳細乃至囉唆地對目標對象說明他該遵守的規定。❸

太陽報的凱文·麥肯錫是使用施壓戰術的高手，並因此被稱為「小刀馬克」（Mac the Knife）❹：

> 嚴厲的斥責已經成為麥肯錫每天開始討論前的標準處理技術了……拿起一頁，用眼神掃視一下，接著以肥胖的綠筆圈出一些段落。……不屑地說「垃圾！」然後胖綠筆會再次劃過頁面，「全是垃圾！」接著是另一段，甚至整個版面被圈起來。……這種審查會一直進行，從頭條新聞的標題到最小的段落甚至是標點符號。……他會在所有可能的地方挑出全部的缺點。❺

國際電話電報公司的哈羅德·賈納恩，則以在每月的財務成果會議中威脅經理人而著名。德洛倫曾講述了一個通用汽車的高級主管以醜陋的外形及威脅別人的手段而擁有影響力的故事。

阿姆斯塔得電腦公司的總裁艾倫·蘇嘉也是以使用施壓戰術聞名。他的總經理大衛·羅傑斯（David Rogers）對他的方式感到十分不滿，因此在合約到期前便主動辭職：

> 阿姆斯塔得電腦公司的總裁艾倫·蘇嘉習慣

在充滿火藥味的公司總部附近一家叫依瑟絲的理髮沙龍修剪他的頭髮和他那招牌式的鬍鬚。

但最近他不再受歡迎了。蘇嘉那種倫敦城的投資者和分析師皆知的傷人與易怒的性格——不是他的髮型師願意承受的。

很顯然地，身為阿姆斯塔得創立者及托騰漢熱刺足球會總裁的這種好戰的特性也令他的總經理大衛・羅傑斯無法忍受。在熬過了三年合約中的十六個月之後，羅傑斯宣佈……他要離開阿姆斯塔得……。❻

利用時間壓力的手段，讓我們想起之前提到的第三項原則：稀有價值原則——事物是以它們的稀有程度而被認知。緊湊的限期總是可以創造出危機感，而且令人有足夠的動力提交時機合宜的提案。同樣的，一個蓄意在接近最後限期才呈交的提案，有效地縮短了討論這個提案是否被接受或提案進行程序的時間。

截止期限也會讓人擔心提案的優勢會喪失。在1996 年春天，當工黨在下一屆全國大選中工黨勝利的機會顯得很高時，執政的英國保守黨政府以即將到來的選舉造成時間壓力，從而強迫鐵路系統的民營化。保守黨當時對有興趣的團體暗示，如果不立即完成此事，機會可能一去不返。

與時間壓力相反的策略就是拖延——一種等待的遊

戲。令別人等待（如同催促進度一樣），也是可以增加影響力的戰術。身為標準品牌（Standard Brands）的領導人，羅斯‧江森建立了一種有助於他運用權力的個人風格，其中包括他稱之為「偉大的進場」：「江森對每件事永遠會準時地遲到二十分鐘。『如果你準時到場，沒有人會注意你，』他說：『但如果你遲到了，他們就會注意。』」❼

戰術二：求助高層

尤克爾和法爾伯的研究中指出，求助高層這種行為包括以高層已經核准為說辭來說服對方，或求助更高管理階層的幫助來使目標對象順從。❽

基普尼普以及其他人舉出其他的戰術包括：正式求助某些更高管理階層的人來支持某個要求；從某位高層人士獲得一些非正式的幫助；寫一份關於某個人的備忘錄給更高層的人；或者讓某個下屬或同事去會見高層人士，說服對方相信你的提案或觀點之價值。❾

求助高層的行動活化了上司的正式職權，使上司成為一種社會認同的資源。以「老闆喜歡這個」或「總部討厭這個」做為策略不但常見而且很少會被質疑。

在約翰‧柯特著名的研究中❿ 之經理人常常會邀請他們的頂頭上司，有時候甚至會是高兩三級以上的主管，來幫助他們執行計畫。供應商、顧客、甚至競爭

者，也會被用來做成訴求，使下屬樂於執行。

戰術三：交換

尤克爾和法爾伯提出的「交換」一詞是指，具有影響力的經理人也許會明確或含蓄地承諾，如果對方同意該經理人的要求，他就會得到回報；另外，經理人也可能會提醒對方，對方尚欠他一個人情。❶

交換策略將學院派所謂的「互惠規範」加以物化，此一規範指我們對於恩惠、禮物及邀請等等都負有回報的義務。❷ 在柯特研究❸ 中的總經理有時候會以一些他們可運用的資源換取議程的順利進行。

生活中的真實個案永遠可以提供我們許多啟發。正如那比斯高品牌食品集團的羅斯・江森在表面上完全服從身兼執行長和董事長的羅勃特・薛柏利（Robert Schaeberle）。不但不斷地在會議中稱薛柏利為「董事長先生」，而且保證公司會繼續支付薛柏利的鄉間俱樂部會費。此外，江森授權那比斯高公司基金以薛柏利的名義在大學設立了一個講座。由於這個交換戰術非常有效，因此江森隨後就升為總經理了。❹

根據布魯姆（Brummer）和柯威（Cowe）❺ 的記錄指出，韓遜大帝充份地對當權的政黨運用交換戰術，以確保在每次有任何商機或政府相關交易時，他的王國會先被告知。在１９６０年代，韓遜跟哈得茲菲爾

（Huddersfield）[1]的哈羅德・威爾遜[2]有十分親密的工作關係。當哈得茲菲爾當局在1989年打算在他們的都市更新開發計劃之重要區域爲韓遜立一座雕像時，韓遜寫信給地方報紙建議，應該立威爾遜的雕像，認爲哈得茲菲爾市應該以它的第一位首相爲榮，而不是他這個最大的工業巨頭。儘管跟工黨的關係如此親密，韓遜在1980年代仍然是保守黨及柴契爾夫人最喜歡的智囊團──政策研究中心的第二大捐助人。

戰術四：聯盟

根據尤克爾和法爾伯對聯盟戰術的說法，經理人可以利用別人來說服目標對象，也可以用「某某人支持我，所以你也應該支持我」來說服目標對象。[16]

在第五章已經廣泛地討論過如何接通非正式網路的隱藏系統來創造支持自己的同盟力量。同盟可以幫助經理人建立個人的權力基礎，以支持他的需求及啓動偏好法則。

當職位權力下降時，現代組織的扁平化結構特別重視互相依賴的重要性。這意味著你需要可以信任的支持盟友。費弗甚至稱聯盟戰術爲「新的黃金處世法則」[17]。

---

[1] 譯注：英格蘭北部的一個城市

[2] 譯注：1964年英國議會選舉，工黨成爲多數黨，哈羅德・威爾遜擔任首相一職。

同盟可以經由許多不同的方式來建立。最常見的是給予向你表現出忠誠的人有權力的職位——凱文‧麥肯錫對於如何表現忠誠有個人特定的偏愛：

> 與南倫敦的法則一樣的，麥肯錫希望身邊圍繞著「自己人」，這些人是以一些不同的方法來得到額外的信任。成為「自己人」的方法之一是打電話給《鏡報》，並且問出報紙最後完稿處的所在，然後以冒充《鏡報》員工的詭計，由完稿處的小職員手中騙到頭版新聞。另一種方法則是到倫敦報社街（*Fleet Street*），進資料庫偷走一些重要人士的照片。拒絕這樣做的人會被歸類為不全然忠心，因而會被假設為反對麥肯錫之意圖的人。[18]

聯盟戰術可以使團體對於特定的議題或人選發展出一致的意見。聰明的經理人會利用這種戰術來控制資訊環境，使情況呈現出所有人都認同他的作為或認為他是某份工作最佳人選的局面。

亨利‧基辛格是利用同盟支持而創造出某份工作非他莫屬的極佳範例，在尼克森第一次的總統任期中，他被委任為國家安全事務的特別助理。他得到這個職位是因為他花了許多時間和可以在新總統面前說他好話的人接觸，不論是尼克森競選總部的外國政策研究幹事李察

．艾倫（Richard Allen），新聞從業者約瑟夫．克拉夫特 Joseph Kraft，或尼克森的競選執行經理人彼得．佛拉尼根（Peter M. Flanigan）⑲。

戰術五：逢迎

尤克爾及法爾伯對逢迎戰術下的定義是：有影響力的經理人在做出要求之前，會先讓目標對象的情緒處於愉快的狀態，並對他們有正面的看法。⑳這個戰術十分依賴「喜愛和逢迎」的原則——我們喜愛那些喜愛我們的人、對我們表現正面看法的人，因此，我們願意為這些人做些事情。

基普尼普等人指出了一些策略可供影響者用來運用逢迎之術。㉑也許簡單到讓對方覺得自己很重要地說：「只有你有足夠的腦筋和天份去完成」。同樣的，在提出要求時，影響者可以用一種非常友善及謙虛的態度來表現自己。影響者不應該在目標對象出現樂於接受的情緒前提出要求。另外，影響者也可以讚揚對方或因自己提出要求而導致的額外工作表示歉意。

許多柴契爾夫人的內閣官員之逢迎技術與其政治或專業能力一樣出名。約翰．塞爾溫．甘默（John Selwyn Gummer）被提升為黨主席及帕金森的升職，都被時事評論家認為是因為他們天生討人喜愛，而不是因為他們做了什麼事。正如安德魯．湯姆森所說：

　　老舊的保守黨從來就不了解女性這種生物。他們無法了解這位首相需要別人把她當成女人來對待，而不是希望她是個男人的不當態度來對待，這是她與其他首相最大的差異。帕金森的成功在於他能了解並且欣賞在身為首相的同時，她也是個女人。㉒

　　1980 年代許多具有領導地位的資本家都擁有運用魅力來贏得權力和影響力的特徵，正如傳記作者湯姆・包爾（Tom Bower）評註：

　　梅鐸、高德史密斯（*Goldsmith*）和羅蘭德這三個人，全都運用財富取得一種值得尊敬、愛家的好形象，但事實上，他們都是十分不道德而且精明狡猾的掠奪者。一般來說，他們會以一種被評論家和受害者稱為操縱的手法讓敵手陶醉地為他們的意圖服務。㉓

　　提尼・羅蘭德對於黑斯廷斯・班達博士（Dr Hastings Banda）（馬拉威獨立後[3]的總統）所寫的逢迎書就是一個適當的例子：

---

[3] 譯注：位於東南非洲的尼亞沙蘭，原與北、南羅得西亞（尚比亞和辛巴威）都是英國殖民地，1964 年獲得獨立。

　　……班達喜歡羅蘭德的風格。班達注意到，
羅蘭德的有禮是自然而不卑微的，在使用「閣
下」一詞時用得十分令人陶醉。羅蘭德十分微
妙地暗示他與班達有相同的態度而且了解黑人的
奮鬥。如班達一樣，他也曾被英國監禁，也對於
傲慢無情的官方之剝奪自由權，感到同樣的憤
慨、不平及不滿。這種移情作用深深吸引了班
達……。㉔

逢迎策略隱瞞了羅蘭德對班達真實的感覺：

　　……羅蘭德對他的朋友抱怨，對於班達的要
求，他「徹底地感到厭煩」……當他在一個公開
的晚宴上聽到「班達的發音比從前更像彼得·
塞勒斯（Peter Sellers）在模仿希特勒」時，
他偷偷地暗笑。

　　「如果你認為我喜歡跟班達一起坐在沙發
上，讓他跟我坐得很近，」羅蘭德在他回到索
爾茲伯里市（Salisbury）⁴時對喬治·亞賓朵
爾（George Abindor）說：「讓他在說話時可
以把口水噴到我臉上，那你一定是瘋了。不過這
是生意。」㉕

相反的，缺乏逢迎和掌握別人喜好的技能，則使蘋
果電腦的聯合創始人及主要股東之一的史蒂文·喬布斯

---

⁴ 辛巴威共和國的首都。

在 1985 年被迫離開，只在公司中留下一個象徵性的職位。[26] 這種技能的不足可以由喬布斯如何與資深主管德爾·優坎(Del Yocam)相處看出，德爾不但負責「蘋果二號」部門，同時也掌管生產作業：

> 他跟德爾在停車場散步了很久，德爾看起來對於他所說的大部份事情都很認同。不過，明確地說，史蒂文就是停不下嘴。他說他想負責生產，而且他告訴德爾說他比德爾更有能力負責生產，在這方面他比德爾強。……德爾要求他重覆他剛才說的話，然後他就真的重覆一次。畢竟，他認為這只是重覆一件對每個人都很明確的事。但德爾並不這麼認為。德爾因此十分不高興。[27]

戰術六：理性的說服

依據尤克爾和法爾伯所述，這個戰術的重點是邏輯論證及事實——即有合理證據的提案將會被人接受。這些證據也是獲取社會認同的有力資源。[28]

正如基普尼普等人指出，具影響力的經理人可以十分詳細地說明計畫細節，以證明他們的看法正確，並且指出實際資訊和以邏輯分析來支持自身論點，或為他們的要求詳述背後的理由。[29] 在提出要求之前，他們甚至會向目標對象證明他們的能力和專業知識。

讓我們以一個工廠的廠長與軍方逐步淘汰某種坦克時，為了避免他的員工被裁減，而運用理性說服力的例子：

　　　首先該廠長向事業部的幕僚推銷一條新的生產線，後者將此報告給老闆。同時間內，他安排了一個發表會，以對照分析的方式說明接受新生產線的優缺點。其中包括了減低其他生產線的負擔、收益風險因素、以及因不需裁員而獲得良好的團隊關係。這發表會的文句優雅，以圖表方式由人員報告。廠長要求技術人員在會議中必須有能力回答可能破壞發表會效果的任何問題。[30]

　　在做決策時，理性地運用事實可以表現出一種科學態度的氣氛——這符合許多組織所追求的形象——但要記得杜拉克的著名格言——任何超過21歲的人都可以找到支持其立場的證據。畢竟，某個已經被人以其他不同的理由通過的決策，你還會回頭去檢視支持該決策的資訊和分析嗎？

　　柴契爾夫人總是以事實和數據來武裝自己，裝出客觀的樣子，正如安德魯·湯姆森觀察到：

　　　她對於數據的胃口是貪得無厭的。當她被委派到保守黨的影子內閣中時，愛德華·希斯

（*Edward Heath*）安排她和工黨政府辯論工黨的物價政策，以扭轉保守黨在野的局面。她到達席位上時帶著一個準備充分的手提箱，箱內的資料讓她可以摧毀下台的保守黨政府留下了八億英磅赤字的謠言。……無可置疑的，她不但以研究調查鞏固了權力，也偏好各類數據。知識就是力量，而她熱愛保留任何種類的知識，即使有些資料非律師無法迅速理解，但她仍會留下，直到某個情況下這份資料能幫助她。❸❶

法蘭克・史丹頓升任為哥倫比亞廣播公司（CBS）的總裁這件事，也是一個對於市場的事實與細節能加以具體組織及表達而獲得權力基礎的例子。❸❷ 他在 1935 年加入CBS時，是一個非常小的研究單位主持人。史丹頓首創市場調查的想法，去找出什麼人聽什麼電台、喜歡哪些節目，並且尋找市場及其他競爭者的實際情況。史丹頓的許多資訊來自世界年鑑，基本上是每個人都可以取得的一本書：

史丹頓以他那小小的研究部門生產大量的事實和數據，並提供給推銷員去誘惑原本屬於全國廣播公司（*NBC*）的廣告商。他把自己扮成一個講求精確方法的主管。……每個人都叫史丹頓為「博士」。……不久之後，*CBS* 幾乎在每個地方都使用他的方法——吸引廣告商和聽眾，選擇和

建立節目，以及將 *NBC* 的員工挖到 *CBS* 。到了 *1938* 年，他已經是一個掌管一百多名職員的研究主任了。❸❸

戰術七：激勵人心的訴求

尤克爾和法爾伯認為在激勵的訴求中，情緒是主要的因素。❸❹經理人可以從情緒著手，以符合目標對象之價值觀的訴求來引發熱情。同樣的，經理人也可以藉著增強目標對象的自信而讓他完成任務。此等戰術依靠的是影響力的第六項原則──情緒。

富有情緒和符號的語言常常會被用來標示出任務的重要性。想想甘乃迪著名的呼籲：「現在，號角聲響起了──不是叫我們去戰爭，……是叫我們承擔一個年復一年長期的奮鬥。……所以，親愛的美國人民們：不要問你的國家可以為你做什麼──要問你可以為你的國家做什麼。❸❺」

正如著力於目標對象的正義感或忠誠度，激勵性訴求還可以利用目標對象對於勝利的慾望。李察・布朗森在運用影響力來鼓動人心的能力是有名的，他透過誘發員工的忠誠，使他們願意為維京集團的興旺而接受微薄的薪資。布朗森充滿熱忱、未經修飾的外觀以及對物質享受毫不在意的態度，加上他的錢並沒有花在名牌服飾或豪華轎車上，而是回饋到公司等事實，使他為他的員

工創造了一個強而有力的角色楷模，進而影響他們的價值觀和對理想的看法。正如布朗森的傳記作者米克‧布朗（Mick Brown）的結論：

> 維京可以說是靠著布朗森在人事上的管理和操控能力而存在的──他擁有一種無可比擬的能力，正如一位朋友這麼說：「當人們為他做事時，會覺得自己才是受惠者」。員工接受低薪是因為維京的音樂工作看起來比其他的唱片公司更令人愉快。其工作生活沒有受到規定和習慣的約束，官僚體制的感受輕微到幾乎不存在。沒有人談到「管理部門」：大家只是簡單的李察、西蒙和肯恩。員工們覺得有歸屬感。❸❺

布朗森會激勵員工與別人競爭並且讓他們有自信，相信自己可以完成重要及富有挑戰性的任務：

> 對公司的士氣來說，他指派任務與激勵員工在沒有特殊專長的領域內完成工作的方式，起了關鍵性的作用。透過將唱片包裝員工轉型成有天分的星探，將雜誌推銷員轉型成經理人，布朗森給他們的恭維就是：「我信任你。」而這種信任總會被報以強烈的忠誠──對於布朗森本人，以及對公司。❸❼

身為蘋果電腦的總裁和執行長時，約翰・史卡利透過激勵人心的訴求來影響目標對象，成功地鼓舞了蘋果電腦麥金塔的製造廠經理戴比・柯爾曼（Debi Coleman）。史卡利對未來有強烈的期許，並且意圖讓未來遠景實現，他鼓勵員工製造出世界上最好的機器。

戴比・柯爾曼談到史卡利時，他的措辭帶著夢幻般的意境：「他跟我可以花幾個小時談論彼此的想法。當我走進他的辦公室時，我彷彿被未來的遠景所迷惑。……有點像是身處星際大戰的電影裏，你站在母艦上，引導著聯合艦隊。」[38]

語言佔了很重要的角色──它不但可以激勵人心，還可以控制別人的行動，使你擁有優勢。通用電子的傑克・威爾希十分擅長使用激勵人心的語言，可以將商業塑造成浪漫的英雄事業，而且具有幾近傳奇的性質。

激勵人心的訴求及其力量來自它能接通目標對象的情緒，並且使人對於你要求他們做的事感到愉快。人們是被道理說服，但卻被情緒感動的。在影響力戰術所提供的選擇上，正如傑福瑞・費弗所言：「你會選那一個：你的心還是你的腦？我會選擇心。」[39]

正如我們在第五章談到，人不是電腦，情緒和感覺是他們做選擇與行動時的重要部份。這就是為什麼利用企業內那些軟性而非正式的部分，以及滲透非公開的系統，在具影響力的經理人使用的戰術中非常重要。正如費弗提到：

　　當你在考慮買一台新車時，是你的頭腦帶你去檢視消費者報告，是你的心為你決定買捷豹或保時捷。你的頭腦告訴你政治競選的演講不可相信，但你的心會對於好的演講術起反應，並使你拒絕投給那些表現十分「乏味」的人，而且自己會編出一個選或不選的理由。❹

戰術八：諮詢

　　尤克爾和法爾伯形容典型的諮詢戰術為：具影響力的經理人會要求目標對象參與決策及計劃。❹當一個人被邀請去協助決定工作的目標及程序時，他對於這些決定會產生認同感，而且會希望這些工作能順利完成。

　　諮詢戰術活化了六個影響力原則的第二原則——承諾。心理上的承諾原則意味著，我們對於我們在無壓力下自願做出的選擇負有責任。一般來說，這種心態很難改變，因為這種承諾就像我們對外界表明自己的立場。

　　諮詢讓人們有參與感。透過討論如何執行提案，目標對象會期待它能成功執行。目標對象的私人承諾就像一種投資———一旦參與，他們就不容許失敗出現。

　　營業額高達130億美元的美國聯訊引擎公司的執行長勞倫斯・包希迪，曾在公司改組時進行一項刻意的諮

詢策略，讓員工與他站在同一陣線：

　　在開始的六十天內，我跟大約五千名員工談過話。我先去洛杉磯跟五百人談，然後到鳳凰城跟另五百人談。我站在裝貨碼頭上和他們說話，並回答他們的問題。我們談論什麼東西做得不好以及我們可以如何改善。……從一開始我根據直覺知道我需要來自基層的支持。於是我走向大眾。……我認為在公司內與每一個員工進行有效的互動，使每個人有參與感相當重要。

　　這是我持續做的事。除了和員工對談外，每到一個地區，我就舉辦一個跨越層級的小型午餐聚會，跟大約二十名沒有掛識別證、而且沒有他們上司在場的員工會面，……我希望創造一個人們可以暢所欲言的環境。

　　員工的思考方式已經改變了，現在開始對我們的股價感到興趣。你去我們裝了監視器的大堂看，員工關心的是聯訊引擎公司。不是他們所屬的個別部門，而是整家公司。❷

　　春田再製造公司(Springfield Remanufacturing Corporation)的執行長傑克‧史泰克(Jack Stack)曾經面臨一個可能要解雇一百個員工的決策。在花了三個

月試圖自行做決策之後，他在每個據點召開「社群會議」，發現員工願意努力推出新產品或提供創意，而不願意看到同事被解雇。隨後在他發表公司前途的決策時，他表示這不是他所做的決策，決策屬於全體員工。

針對不同的目標和對象採用不同的影響力戰術

八個影響力武器中哪一個最有效？正如尤克爾和法爾伯的研究顯示，最簡單的答案是，沒有任何影響力戰術可以單獨地宣稱比其他戰術有效。[43] 正如我們在第三章（認識自己）和第四章（認清目標對象）中討論到的，戰術必須根據不同的影響力對象和不同的影響力目標來選擇。

第三章強調，在變得具有影響力之前，經理人必須要有足夠的自我察覺知道要達成什麼——即在使用影響力之前，必須先認清目標和標的。

另外，經理人達成最終目標的手段須具有靈活性。他必須讓自己的行為模式配合目標對象的行為模式。

尤克爾和法爾伯指出，經理人最常進行的影響方式之範圍如下：

1. 要求對方去完成一個新的任務或執行一個新的計劃

2. 要求對方更快或更好地完成一項任務。

3. 要求對方改變政策、計畫、或程序來配合他的
   需要。

4. 在解決問題的過程中，要求對方提供忠告或幫
   助。

5. 要求對方給予或借予額外的資源，像是資
   金、、物材、或裝備、設施、人力的使用權。

6. 要求對方背書或認可一項提案、產品、報告、
   或文件。

7. 在與其他經理人或顧客的會議中，要求對方支
   持你的提案。

8. 要求對方提供你完成工作所需要的資訊。❹

　　具有影響力的經理人必須知道對那些可能成為盟友
的人而言，那些鈕可以按，那些要避免。這表示對於目
標對象的價值觀和需要應有徹底的了解。經理人不只要
配合目標對象的自我形象來投射形象，同時還要確保自
己投射的形象符合舞台和場景。這跟我們早先討論印象
管理領域的研究一致。

　　舉例而言，經理人應該知道目標對象會不會有著柴
契爾夫人般的欲望，喜歡別人帶來答案而不是問題。如
果是這樣，那麼試圖以開放性的研究問題去接近對方就

只有失敗一途，即使你的想法再好也一樣。

採用多項影響力戰術的必要性

著名的心理學家柏納・基斯（Bernard Keys）和湯瑪斯・凱斯（Thomas Case）指出，針對重要的影響力意圖，需要採用多項影響力戰術。[45] 如果你要「推銷」一個重要的新策略或複雜的計劃，單單靠一個戰術去達成目標是不夠的。你沒有別的選擇，必須使用多項影響力戰術。

正如基斯和凱斯的解釋：

> 一個成功的嘗試總是始於收集事實、列舉相似的例證（誰正在做這類事？）、適當地尋求別人的支持……、在適當的時機提出經過包裝的發表會，以及如果在開始時受挫，必須長達幾個星期甚至數個月地堅持並重覆這些程序。在極少數的情況下，經理人可以只依賴弄權恐嚇而獲得成功。[46]

李・艾科卡（Lee Iococca）使用多項影響力戰術使克萊斯勒轉型，正如柯特所述：

　　對於克萊斯勒的未來，艾科卡擬訂了一個大膽的新藍圖……隨後從極大的網路中吸引並且仔細地挑選出合作的團隊成員，……包括工會領袖、全新的管理團隊、營業員、供應商、一些重要的政府官員，以及其他人員。他明確有力地以情緒來表達他的計畫（「記住，各位，我們有責任維護六十萬員工的生計。」），透過他在汽車業長期又高度成功的歷練所建立的可信度和人際關係，以一種聰明而震撼人心的方式傳達他的新策略。❹

對於上司、同僚和下屬的戰術

　　尤克爾和法爾伯的研究指出，經理人所使用的戰術種類並不會隨著目標對象之不同而改變，也就是說，無論是水平地對同僚，垂直地對上司，或向下對下屬，都不會有太大的不同。❹

　　有四種影響力戰術比其他戰術更常被使用，不管對象是下屬、同僚、或上司：

- ◉ 諮詢
- ◉ 理性的說服
- ◉ 激勵人心的訴求
- ◉ 逢迎戰術

決定使用何種戰術的是對象與目的，而不是影響者與目標對象的相對地位。

使用軟性或硬性的戰略手段？

研究顯示，在所有的組織層級中，軟性的策略如諮詢、理性說服、激勵人心的訴求、逢迎、及交換戰術，都是經理人用來說服別人合作的首選策略。[49]

硬性的策略，像是求助高層及施壓戰術，是當影響力的目標對象較不可能不服從，特別是對象是下屬時才應該使用。在這種情況下，經理人可以求助於更傳統的手段來獲得對方的順從。

較性的策略溫柔地讓人們接受你的影響，而硬性的策略則是逼迫人們接受。

通用電子的傑克‧威爾希就是使用軟性策略來改革他的組織，並在 1990 年代獲得勝利。通用電子傳統上是典型的「鞭笞與項圈」，以高壓的官僚政治、垂直的命令和控制結構來管理組織。[50] 但是，威爾希當時領悟到要獲得成功「必須排除上司這個元素」，並且要釋放人們巨大的潛在能力，因而其手段乃運用軟性策略和影響力的技能。正如威爾希在哈佛商業評論的一次訪問中對諾爾‧提其(Noel Tichy)和芮姆‧沙倫(Ram Charan) 所述：「最重要的是……好的領導者應擁有

開放的心胸。在組織中，他們上下四處去接觸人。……
而這些全都是與人有關，希望大家可以經由一種持續的
互動在觀察事物及接受事物上達成共識。」[51]

　　美體小鋪國際企業的創始人及總經理安妮塔‧羅迪
克，十分不喜歡以正式／硬性的策略來影響員工。相對
地，她相信根源於人際溝通的軟性手法。在行動上，她
會探訪店面、閒聊、以及傾聽員工所關心的事，還常定
期在她家中舉行跨部門的員工會議。她因此得以進入組
織中非正式的網路。另外，她透過成立一個命名粗俗的
「要命的好點子」部門（department of damned good
ideas）來鼓勵員工向上溝通。[52]

　　IKEA 的創始人殷格瓦‧康普拉得（Ingvar
Kamprad）同樣也是使用軟性手法影響別人的高手，他
喜歡透過人際網路工作（一種「口耳相傳」的方式）多
於透過正式系統。同時他還在組織中播下了「文化傳
送者」的種子，這些人通常擁有成為經理人員的潛
力，而且和公司有相同的價值觀。[53]

　　任何審視在 1990 年代及以後的組織內可以用來影
響別人的手法之經理人都將發現，軟性策略比硬性策略
有效得多。

　　正如羅沙伯‧莫斯‧坎特曾指出，強硬態度的成功
十分依賴正式的職權，但是來自官僚體制之職位的正式
職權在今日這種扁平化的組織中已經消失了。

但是，不單單因為與正式職位相關的權力消失而使軟性策略取代硬性策略而成為舞台中心，同時因為人們對不同的影響風格在心理上有不同的反應，也使軟性策略總是優於硬性策略。

查爾茲・韓迪認為，對於影響力程序有三種反應機制：（1）順從，（2）認同，以及（3）內化。❸

順從

強硬的態度（像是施壓戰術、求助高層，以及規定）之所以使用，是因為經理人有足夠的權力，而且確定這個影響方式會成功。這就是傑克・威爾希努力在通用電子中消除的「鞭笞與項圈」。目標對象承認經理人有權力並不表示願意接受它，只是因為目標對象沒有其他的選擇。

順從永遠會得到你希望的結果——要求被執行了，但不是自願的。因此，順從有它的極限——當指令強加於某個人身上，而他並不願意執行時，常常會被草率地完成，除非目標對象曾被諮詢而且知道他有其他的選擇。

根據我們對影響力的原始定義：「讓別人自願地改變他們對事情、人物及決策的態度，使你的想法能加以執行」，順從事實上會限制你運用影響力的潛能。

順從更嚴重的缺點是，在關鍵時刻，那位非自願的

目標對象可能放棄責任——這就是「我不過是聽命行事而已」症候群。記得在伊朗軍火案中那位海軍陸戰隊中校奧利佛‧諾斯（Oliver North），據說如果他的指揮官要求他從高樓跳下，他也會跳，他從沒有拒絕服從過。當然，諾斯的行為意味著他只是順從，而不是自願地選擇或贊同他做的事。

相反地，如果影響力的企圖使對方在自由意志下接受，那麼他在心理上會產生認同或內化。

認同

接受者在類似激勵人心這種戰術下，贊同某個看法或提案是因為他欽佩或認同影響力的來源或影響者。認同是誘導情緒反應而發生的，與順從正好相反。

但是，這種方法同樣有其極限。我們很難在一段很長的時期中保持這種情緒上的領導能力。另外，激勵型的領導者常會被跟隨者包圍——這些跟隨者沒有自主性，他們只是高度依賴激勵型領導者的門徒。

看看激勵型的南非領袖尼爾遜‧曼德拉的例子，他讓擁護者產生高度的認同，使他變成幾乎是不可缺少的人物，因此也降低了他所屬政黨——非洲民族會議（ANC）的靈活性，使其無法成為一個長期的穩定組織。同樣的，舉世聞名的廣告公司沙其與沙其（Saatchi and Saatchi）過份依賴沙其兄弟深具影響

的號召力，使組織在 1995 年兩兄弟激烈的內訌後，幾乎無力存活。

內化

當我們意圖去鼓勵別人，使他們同意並能協助執行我們的想法時，內化這種心理歷程最能代表自願的改變。

透過具有內化特質的軟性策略（例如諮詢、理性說服、聯盟、以及逢迎），目標對象在探納你的提案時會當成是他們自己的提案，因為他們將它內化成為他們的一部份。

這就是威爾希在通用電子所使用的手段。他認為，要求優異成果的強硬態度與要求員工共同參與的軟性概念並不衝突：

> 威爾希和他的助理人員選擇了三種武器，他們稱之為「共同參與」、「最佳實務」及「圖像化程序」的管理技術。第一個打破員工與決策過程隔離的障礙；第二個企圖打破「此處不要創新」的症候群，以及促使好的主意在通用電子內部快速地從一個部門移植到另一部門；第三個則是前二者所依賴的工具。所有的武器都是為了促使眾多員工的參與。它們結合起來造成生

產力快速的成長，威爾希並表示，這是所有公司在二十一世紀的競爭環境中生存的重點。❺

要達成內化效果，就不能運用壓力來使個人接受影響力。目標對象必須可以自由地提出意見甚至是反對；必須在自願的情形下產生令人接受的行為。經由一個成功的影響企圖，目標對象會相信那個想法來自他們自己，而不是受到別人的影響。如果你是行使影響力的成功經理人，這種對你影響力的否認可能是不得不忍受的苦差事。但正如我們在第三章所提出的，如果你要獲得真正的影響力，你就必須學習扮演一個無名人物。

正如查爾茲・韓迪的總結：「內化……最持久；認同最令人愉快；順從最快見效。」❺

管理影響力的分類

現今經理人最常如何運用影響力呢——他們總是永遠使用一兩個策略，八種都用，還是一個都不用呢？

簡單的答案是，有三種使用不同組合的經理人。我們將這些管理風格稱為「博學者」、「機器人」、和「隱士」。

博學者

博學者經理人在影響別人時，會高於平均地使用全部的戰術。他們通常對有高度的成就需求，並且想完成廣泛的目標。他們是會使用多項戰術來達成目標的典型例子，特別當那些目標本身極複雜與重要時。

聯訊引擎公司的執行長勞倫斯·包希迪，是一個典型的博學者，他使用各種不同的作法來達成公司的改變。包希迪之所以出名不只因為他直指目標、講究實際、並且以成效為重，同時還因為他是一個有魅力與堅持不懈的導師，他決定要幫助員工學習，為他的公司提供具有最佳能力的員工。

機器人

機器人經理人指強烈地依賴唯一的一種策略——以理性說服來影響別人。他們是我們在第一章提到的那種理智型、專業導向的經理人。

雖然他們也有可能在只使用理性說服的策略下獲得成功，但一旦面臨需要多項戰術的複雜企圖時，他們的企圖注定要失敗。

在基辛格早期的政治生涯中，他就發現當事情面臨

更複雜及更重要的影響企圖時，純粹的理性訴求是沒有效果的：

> 在我擔任甘乃迪的顧問之前，就像大多數的大學生一樣，我相信決策的制定程序是理智的，你所需要做的就是走進總統的辦公室，然後說服他你的觀點是正確的。我很快就發現這種想法極為幼稚且危險。⑰

隱士

> 雖然身為經理人，隱士經理人感到他們沒有影響任何事情的力量。由於他們感到自己的無能，以至於他們埋怨組織中其他運用權力和影響力的成員。
>
> 他們沒有效率的事實，證明了他們無法控制自己與身旁的人——他們是組織中的隱士。

現代經理人的挑戰是：掌握影響力八大戰術的精髓，以成為有能力配合環境採用多種手段去達成目標的博學者。下一章也就是最後一章的主題，就是如何擁有成為這種博學者的優勢。

本章概要

◉ 本章的重點在於指出有系統地使用影響力之必要性，並且對於影響力的運用提出了八種戰術武器。這些武器包括：(1)施壓，(2)求助高層，(3)交換，(4)聯盟，(5)逢迎，(6)理性的說服，(7)激勵人心的訴求，和(8)諮詢。

◉ 本章強調八種戰術武器要配合你的影響目標及目標對象的習性之重要性。

◉ 在面臨較重要及複雜的影響企圖時，多項戰術的重要性變得十分明顯。至於面對上司、同僚、或下屬時所常用的戰術是一樣的。

◉ 本章將戰術劃分為軟性及硬性的策略手段。軟性的影響策略是較好的選擇，不只因為它們較符合扁平化的組織，同時也因為它們更為有效，因為對經理人的目標對象而言，這些軟性手段才能達成自願接受的目的。

◉ 最後，根據影響力戰術的不同應用，可以將經理人分類為富有經驗的博學者，單一手法的機器人，及無影響力的隱士。

概念測驗

你是否瞭解影響力的八大策略武器及如何有效地使用它們？

1. 理性的說服在商業上是影響別人唯一可接受的方法。

2. 不論你的目的及你影響的對象之需求是什麼，逢迎永遠最有效。

3. 更多項的影響力戰術應該用在較重要的影響目的上。

4. 影響力戰術中最常用的是諮詢、理性的說服、激勵人心的訴求、以及逢迎。

5. 在面對你的上司、同僚、及下屬時，應該使用完全不同的影響力戰術。

6. 達成企圖的最佳方式必然是從硬性策略著手，例如使用施壓戰術，讓他們知道誰是老闆。

7. 影響力的軟性策略可以使目標對象自願地改變想法。

8. 影響力的企圖如果根據單一戰術——程式化的機器人手段——總是最為有效。

9. 要擁有影響力就是要靠攏上司——沒有其他選擇。

10.告訴人們做什麼，然後持續施加壓力——這就
　　是最能產生影響力的方法。

答案：1.否、2.否、3.是、4.是、5.否、6.否、
　　　7.是、8.否、9.否、10.否。

個案研究

從任務移轉到程序

在說服詹姆斯辭退勃特之後，羅拉深受這項成功的鼓舞，堅信除了把工作做好之外，組織生活中有更多的東西需要掌握。

羅拉現在知道，要成為一個有效能的經理人，除了達成任務外，還要重視程序。簡而言之，她對於發展影響力的技能深感著迷。

羅拉認為她應該試驗她在管理上的新取向。她為自己設立了一個目標，要獲得總公司財務上的支持，讓她可以開發一個有極大市場潛力的新生產線。

她仔細地考慮達成這個目標的方法。她很自然地導出一個由事實證據支持的邏輯論述，但她懷疑這會有什麼效果。重要的決策人就是詹姆斯：詹姆斯對總公司推薦的任何事物，總部都會立刻批准。羅拉已經知道詹姆斯對理性、數字取向的分析沒有反應，同時了解詹姆斯不喜歡部下採取主動。詹姆斯習慣於大聲喊出命令，然後看到大家服從。羅拉認為，想要完成目標就必須讓詹姆斯覺得投資新產品是他自己的想法。

羅拉決定設立行銷及銷售團隊來測試新產品的獲利情形。這個團隊對於該提案有高度興趣，因為對於銷售

部而言，這是一個新挑戰，同時還有提高營收的可能性；而選入小組的行銷部員工則覺得自己升職了。

同時，羅拉建議外界的產品發展顧問直接遊說詹姆斯，讓他覺得自己是關鍵的掌權者。並且提示這些人在討論時，千萬不能對詹姆斯的身份象徵上有任何不敬。

羅拉向詹姆斯提議，也許他可以花一些時間跟銷售及行銷小組聚一聚。詹姆斯同意了，隨後當他與該小組會面時，他提到他正在評估一些也許很有潛力，而且對公司有利的新產品時，小組立即明確地支持他的提案，並且開玩笑地說詹姆斯應該強迫羅拉在董事會上提出這個新提案。

詹姆斯回到羅拉的辦公室時，自豪地描述大家對於他的新產品提案反應熱烈。「當美國董事會下週來英國訪問時，我要你為這些新產品發表一個提案，羅拉，」詹姆斯說：「不要太長，簡單地用數據表達，集中在標題就好了，明白嗎？」

「這真是一個有遠見的想法，詹姆斯。」羅拉答道，並暗自竊笑，因為這真的是影響力的一項成就。

問題檢討

羅拉這次又做對了什麼？

摘要

◎ 對於影響力的戰術和策略應建立一套有系統的認識。

◎ 針對你的目的和對象應採取不同的影響力戰術。

◎ 應採取多項影響力策略。

◎ 永遠從軟性的影響力策略開始，而不要以硬性策略開始。

實踐方法

1.　回想你平常如何從第三者身上處獲得他們對某項提案的支持？

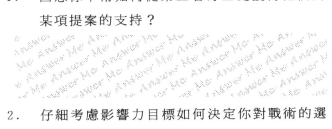

2.　仔細考慮影響力目標如何決定你對戰術的選擇。

3. 指出目標對象如何影響你對戰術的選擇，爲
   什麼？

4. 回想某次你嘗試影響別人而未成功的經驗，
   列出你失敗的原因。你從中學到什麼？

5. 選擇一個合理而重要的影響力目標。指出目
   標對象，並試著擬訂你可以用來達成目標的
   多項戰術。

6. 一旦你選擇了戰術，試著評估你用來選擇戰
   術的準則。對於你的目標及目標對象的需
   求，這些準則正確而恰當嗎？

7.　執行你的策略。

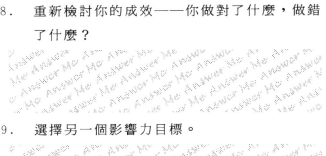

8.　重新檢討你的成效──你做對了什麼，做錯
　　了什麼？

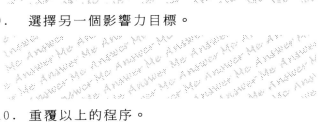

9.　選擇另一個影響力目標。

10.　重覆以上的程序。

11.　重新檢討，繼續練習！

如何創造影響力

第七章

邁向優勢

- ◆ 自我評估
- ◆ 總結：成為具有影響力的經理人之主要步驟
- ◆ 管理與控制學習程序
- ◆ 成為運用影響力的大師
- ◆ 培養運用影響力的意志力
- ◆ 本章概要
- ◆ 概念測驗
- ◆ 個案研究
- ◆ 摘要
- ◆ 實踐方法

本章總結在這個工作的新世界為何需要創造影響力，以及要成為具有影響力的經理人應採行哪些關鍵步驟？

本章檢視經理人著手發展影響力技能時，應注意四個互相關聯的步驟，也探討經理人如何可以有系統地控制這些技能的發展程序。

在影響力技能精熟度的發展中，我們討論幾個階段，包括：初學者、入門者、稱職者、精通者、以及專家。這種分類法使經理人注意到他們會經過的發展程序，而且藉由輕鬆地討論此等議題，可以建立經理人的自信。

本章最後探討發展影響力的意志力——如果期許自己在組織中真正擁有影響力並能藉此完成工作，有抱負的經理人必須積極地為自己的組織生活負責。

自我評估

重新測試你的能力
——你是否能有效地運用影響力？

本練習的目的是要重溫你在第一章所完成的自我評估，並評估你讀過本書後，是否能修正你影響別人的作為。

1. 列出所有跟你的工作直接相關的人以及合作的
   伙伴。

2. 列出在組織中有哪些應該認識而且可能會有幫
   助的人。

3. 列出你工作中的主要任務。

4. 評估你花在下列工作上的時間比例：

   （a） 建立關係

   （b） 完成主要任務

   （c） 參加正式會議

5. 當你試圖在工作上影響別人時，最常遭遇的問
   題有哪些？

265

進一步討論

把你現在的回答跟你最初的回答做一比較。

◎ 你有什麼改變？

◎ 你現在看事物的方式有何不同？

◎ 你現在的人際關係跟從前有無不同？如果有，是哪些地方不同？

◎ 你的接觸網路有沒有增加？

◎ 你花在建立關係的時間比例是增加了還是保持原狀？

◎ 你是否跟原來一樣，仍然是任務導向？

◎ 當你試圖在工作上影響別人時，最常遭遇的問題有沒有改變？如果有，分析爲什麼這些問題會改變，以及你學會做哪些不一樣的事。

◎ 在影響別人方面，有哪些剩下的問題是你現在要繼續努力的？

◎ 你打算要進行哪些步驟去發展新技能？

如果有一些改變已經開始發生了，那就表示你已經走在掌管自己及培養影響力技能的路上，準備開始有系統地發展那些可以讓你運用影響力去完成工作的技能。

總結：成為具有影響力的
經理人之主要步驟

在第一章我們闡述了影響力與管理效能之間的關係，也認清了二十一世紀組織內部的變革及其變革對經理人的角色本質帶來的衝擊。總體環境的改變、科技的進步、員工價值觀和目標的多樣性、以及轉型成扁平化與互相依賴的組織結構等等趨勢使正式職權的效能劇烈降低。正因為如此，運用影響力已經成為經理人達成任務時最重要的管理技術。

第二章的焦點在於影響力的過程。我們討論到權力與影響力之間複雜的關係，並指出所有經理人能運用的七種權力機制：（1）資源；（2）資訊；（3）專業技術；（4）人際關係；（5）脅迫；（6）職位；以及（7）個人魅力。同時也略述經理人可以啟動權力的六個影響力法則：（1）對照，（2）承諾及一致性，（3）稀有價值，（4）社會認同，（5）好感及奉承，及（6）情緒。

成功地運用這些影響力原則，可以讓經理人在互相依賴日深的組織中活化權力及完成工作。

接著我們檢視為什麼經理人需要運用的技能，以及這些技能是什麼，並探討成為有影響力的經理人之四個主要步驟：

第一步—認識自己。經理人在有效發揮影響力之

前，要先了解自己。信念、價值觀、以及假設對於經理人要成功地影響別人，使別人接受自己的目標有很大的關係。

有意識地管理信念、價值觀、及假設相當重要——這可以使經理人能夠控制他對於影響標的所投射的印象。

第三章強調清晰地確認目標，以及將情緒與商業目的加以分離的重要性。同時說明為什麼經理人在達成最終目標時要具有彈性，為什麼為了長程的目標經理人要隱藏自己。這一部份同時告訴大家，要變得有影響力，必須有足夠的精力、體能，以及精神上的堅持。

第二步—認清目標對象。從認識自己到能完全分析你的對象。你必須學習認清在達成目標的過程中，誰具有關鍵作用，並且正確地判斷他所接受的信念、價值觀、態度、以及想法。這可以使你更能控制影響的過程。

經理人若能正確地察覺別人，則能避免第四章所指出的常見誤判。準確的認知需要經理人利用多項指標，像是語言或非語言的線索、組織的因素、以及個人的因素。會誤導我們的常識判斷，則應該要避免。

第三步——診斷系統，即探討組織中隱藏系統與成功的影響行為之間的關係。隱藏系統比正式的職權管道更能決定何種行為會被接受。

　　組織的文化與網路被認為是隱藏系統的主要成分。組織文化非書面指南，指出哪些影響行為是組織所接受的。人際網路是我們使用收集到的資訊來積極運作非正式系統的管道。

　　第四步—決定策略和戰術。影響力有八種主要戰術：(1)施壓，(2)求助高層，(3)交換，(4)聯盟，(5)逢迎，(6)理性的說服，(7)激勵人心的訴求，以及(8)諮詢。

　　第六章強調影響力戰術必須配合目標和目標對象。這與面臨重要目標時使用多項戰術來影響別人是一樣重要。

　　影響力策略可分為軟性與硬性兩種。軟性的影響力策略在扁平化且互相依賴的組織中往往是較好的選擇。

　　經理人運用影響力戰術的類型可分為三種：經驗豐富的博學者（有能力去部署多項戰術）、單一手法的機器人（只能執行十分有限的戰術）、以及組織內的隱士（因為道德或宗教信仰而反對使用影響力，並且不從事任何影響力的活動）。

　　了解如何成為具有影響力的經理人之步驟——即為什麼你需要影響力；影響力是什麼；如何去診斷影響力；它的來源是什麼；你可以運用哪些戰術和策略——和實際運作是兩件不同的事。但你必須運用它，因為運用影響力來管理是完成任務的過程中不可或缺的。在現

今的組織以及生活中，如果你缺乏有效運用影響力的技能，你根本做不好任何事。職權已經過時了，影響力才是主流。正如高德史密斯的老朋友阿諾·狄波克葛瑞夫（Arnaud de Borchgrave，現任華盛頓時報編輯）所說：「高德史密斯對權力沒有興趣。他感興趣的是影響力，這兩者並不一樣。」❶

運用影響力技能時也許會包含一些衝突、風險、以及失誤。想超越這些障礙，需要對成功的渴求及具備鬥爭的能力。正如一位哈佛大學教授的評論：

> 覺得自己沒有權力很容易，而且往往很輕鬆——說：「我不知道怎麼做，我沒有足夠的權力去完成這個工作，而且，我實在不能夠承受這其中可能發生的鬥爭。」當面對組織中的一些錯誤時，最常見的說法是：「這實在不是我的責任；我沒辦法為它做什麼，如果公司真的想做這些事，嗯……這就是為什麼要付給高級主管那麼多薪水的原因了——這是他們的責任。」❷

管理學習的程序

第六章對於影響力的八種戰術進行有系統的評估。要將有系統的評估轉換成真實生活的行動，需要遵守某種特定的學習週期，這是可以廣泛套用在日常生活情境的上行為模式。

這個模式必須有四個相互關聯的學習階段：❸

1. 瞭解影響力的意義，不只是概念上，還包括實務上的意義。
2. 練習運用影響力。
3. 尋求影響力績效的回饋。
4. 頻繁地使用這些技能，使它們成為日常行為的一部份。

第一階段：獲得理解

你已經抵達這個階段，因為本書的素材已經讓你了解什麼是影響力，包括概念與實務上的意義。

⊙ 每一章以一個自我評估練習開始，目的在於幫助你評估自己對於影響力的技能了解多少。

⊙ 自我評估練習之後的材料則是幫助你了解這些技能背後的概念。概念測驗的問題在於檢查你

對概念的認識程度。

◉ 個案研究讓你深入了解某些行為在運用影響力技能時會遭遇的問題。

◉ 摘要在於歸納技能概念，進而指出經理人需要學會哪些行為模式。

◉ 最後，實踐方法則是為經理人提供一些使用時機的範例，讓經理人可以開始運用影響力技能。

你現在的挑戰是完成第二、三、四階段。

第二階段：實際運用影響力

你必須在日常生活中，找出每一個可以運用影響力的機會來練習。

第三階段：回饋

在了解理論概念並應用在實際情境之後，你必須一再檢討你運用的成效——客觀地評估發生了什麼，以及那些部份成功，那些部份失敗。

你也許可以重溫書中所有的自我評估練習、實踐方法、以及個案研究片斷，做為這個回饋評估的一部分。

本書使用的計分系統、問題回顧、以及摘要全都可以做為評估你自己的發展過程之工具。

你同時也應該接受別人對於你的表現之回應，然後從成功和失敗的情境中找出一般化原則——我學到什麼，我該如何應用？在此過程中，你從實際經驗中學習，正確地調整你的概念，再將它們應用到新的情境中，然後不斷地重覆整個過程。在第二與第三階段之間有一個持續不斷的學習循環。

第四階段：整合成完整的行為模式

你使用這些技能的頻率必須高到足以讓你持續地修正和練習，進而使這些技能成為你的標準行為模式。

從第一階段到第四階段（能夠成功地運用影響力技能）是一條漫長的路，不是一夜可以達成的。如果你知道如何掌控學習過程，便可以大量地簡化這項任務。下面是相關論點的討論。

成為運用影響力的大師

隨著你的能力日漸增強，你必然會經過一些里程碑。有抱負且具有影響力的經理人必然會經過以下的里程碑：（1）初學者，（2）入門者，（3）稱職者，然後是（4）精通者，最後成為（5）專家。❹ 知道這些里程碑可以使

你自我肯定及保持自信，特別是在學習的早期時，你可能在某些情境下成功，卻在另一些情境下失敗或犯錯。

一號里程碑：初學者

身為初學者，經理人會學到影響力的規則。他多半會十分順從地遵循。本書已經概述了這些基本規則的內容。在此階段，經理人往往會以理智及分析導向的態度來看待影響力，期望能從明確的規則和程序中得到固定的結果。

不論如何，對於運用影響力有了概念上的認識之後，接下來的挑戰就是離開第一塊里程碑，開始在實際的運用中得到新的領悟。

二號里程碑：入門者

經理人在此階段開始在真實情境中練習運用影響力規則。他的經驗會幫助他了解影響力的過程如何深入組織內部那些隱藏而模糊的系統，包括文化、網路、規範、以及價值觀。

第五章談到，羅拉回想在企管碩士課程中學到一些關於「地鼠」與「大嘴巴」的知識，但是，在她開始在真實的生活情境中運用這些知識之前，她一直認為那些像是小說的情節。直到羅拉開始應用這些概念之後，

她才了解某些特定模式而且發現這些非書面的規範、規則、及文化一直都圍繞在她身邊，只是她之前從沒注意到。

三號里程碑：稱職者

當經理人練習過較複雜的戰術而且能掌握越來越多的線索時，一個良性循環便產生了。經理人會開始用感覺做事，而不是死記規則。他的自信心會增強，而且使他更能自願地承擔風險。

某些影響力的企圖會失敗，另一些會成功。從這兩種結果你都可以學到東西，重要的是你有影響人的企圖。舉例而言，在個案研究中，羅拉在試圖說服詹姆斯推出新產品時，她已經估計過其中的風險了。在與支持她的尼爾的討論中清楚地安排好整個過程，然後她試驗了許多新的行動。她以多項影響力的技能來做實驗，最後成功了。

四號里程碑：精通者

在三號里程碑的階段，在遂行影響力的意圖之前仍有一定數量有意識與理性的規劃。

但是當你到了精通的階段，有意識的計劃會完全被無意識的察覺所替代。正如會開車的人在換檔時，不必

一再地看踏板和換檔桿，經理人現在有能力依賴感覺來行動。就技術來說，他算是學會了。

他會開始全面地觀察潛在的影響力目標，進而像明茲伯格所說的，開始以洞察力和直覺去了解整個情境。這是一種在第一章所述那種了解基層想法的經理人之天生技能。同時，多項影響力戰術的運用會開始自動浮現。

百事可樂和蘋果電腦的約翰‧史卡利在運用影響力技能方面是個精通者，或甚至可以稱為專家。他掌控過程的精通程度，可以從 1982 年，他被史蒂文‧喬布斯及人力資源公司的傑拉‧羅希（Gerald Roche）聘入蘋果電腦的情形看出：❺

> 在十二月時，喬布斯和馬庫拉（*Markkula*）飛到紐約去找史卡利，但那次的會面中，史卡利表現得非常冷淡，事後他跟羅希說他沒有興趣。但那並沒有使羅希放棄。……喬布斯因而對史卡利更感興趣。……一月時，他們帶史卡利參觀莉沙（*Lisa*，蘋果新三代個人電腦），並且在四季餐廳共進晚餐。在三月上旬……喬布斯說服史卡利在科伯迪諾（*Cuperlino*）稍做停留。……有許多理由可以說明喬布斯為什麼這麼想得到史卡利……隨著時間不斷過去，喬布斯已經把延攬史卡利進蘋果電腦當成一項挑戰，是蘋果電腦的

目標。喬布斯有這麼多錢……以至於他認為無法
得到史卡利是件丟臉的事,無法得到的事物反而
讓他產生更大的興趣。❻

　　透過無意識、直覺及熟練地運用稀有原則,配合著
時間與拖延戰術,再加上操控著喬布斯逐漸增加的承
諾,史卡利毫不費力地誘使喬布斯符合他的目標。同樣
的,也是利用這些直覺的技能,使史卡利最後迫使喬布
斯離開這家公司。

五號里程碑:專家

　　一旦經理人通過這塊里程碑,那麼他已經走完精通
運用影響力之路——以明茲伯格的話來說,他應該已經
成為一個天生具有洞察力及直覺的影響者。這位經理人
不會再機械地套用規則,相反地,他會用感覺和直覺對
情境做完整的了解。這位直覺銳而且具有影響力的經理
人「就是知道」該怎麼做。

　　這種專家經理人能毫不費力而成功地操控組織生活
中那些曖昧、無常及混亂的情境。這就是通用電子的傑
克‧威爾希所到達的階段——當他希望改變別人的行為
時,他總是能直覺地找到最有效的途徑,從而得到最佳
的結果。舉例而言,在 1988 年乘直升飛機前往康乃迪
克州的通用電子總部時,在爭論中他誘使主管們「共

同參與」而獲得了他想得到的結果。❼

培養運用影響力的意志力

成功地運用影響力不只是簡單地根據理論行事。成功地運用影響力必然包括了「百折不撓」的毅力。

在個案研究中，羅拉從完全理智與專業技能取向變成擁有直覺而且以過程為重的影響力專家。這種改變令她可以在面對不同的人和事時選擇合宜的策略和戰術，使她達到最終的目的。

羅拉成功的原因是因為她有樂於改變的勇氣。相較之下，拒絕改變與成長，只能成為呆坐在角落享受寧靜生活而無效能的隱士。

任何急切地想擁有影響力的經理人，都必須像羅拉一樣具備堅定的意念，而且在實際的過程中應該會比羅拉擁有某些優勢。首先，他已經讀過本書，所以他對於影響力已經擁有基本架構的認識，了解其中的策略及戰術，能在某些需要練習的情境中加以運用。

其次，他現在已經從自我評估的練習及個案研究中獲得了自信和特殊能力，可以在一個由行動、回饋、及修正行動所組成的良性循環中發展技能。

第三，他已經擁有技能的架構，可以供他有意識地掌控持續學習的過程，並且監督他朝向不同的里程碑前

進。

　而最重要的是，他必須樂於去發展這些技能。羅拉正是擁有極強意願的人。正如柴契爾夫人的父親阿德曼‧羅伯茲（Alderman Roberts），最喜歡對柴契爾夫人引用的句子：

> 起頭容易，
> 但堅持則困難；
> 開創容易，
> 但完成則困難。❽

　許多經理人都發現阿德曼‧羅伯茲這段話的正確性，而且也發現羅拉是不容易跟隨的榜樣——其困難處在於整個改變的過程不容易完成。而他們常見的藉口是：

◉「這聽起來好像對一些人很好用，但不適合我。」

◉「我不擅長這種觸及情感的作法，我寧願處理具體的事實和數據。」

◉「我從來就無法好好地跟別人一起工作，你一定是天生的高手。」

◉「我實在沒空做這一類技能的練習，我有一堆工作要做。」

想擁有影響力就要為自己及學習負責，不能找任何

藉口。也就是要做到查爾茲‧韓迪所稱的「正確的自利」——包括對自己的責任感及充份的自信，相信在生活中自己可以得到自己想要的事物。❾ 任何一個有足夠勇氣及「正確的自利」的人，都可以為自己負責，並且能克服必然出現的不愉快。

本書已經提供你概念及工具。接下來就必須靠你自己，你是否能接受成為組織中有影響力的成員所必須面臨的挑戰？

約翰‧甘乃迪在 1961 年 1 月 20 日星期五的總統就職演講，正是這些挑戰的最佳註解：「讓我們開始吧，我親愛的民眾們，我們的路線之成敗，在你們的手中，而不是我的。」❿

本章概要

- 本章總結了在新時代裡，創造影響力的重要性，同時也指出成為有影響力的經理人之相關步驟。

- 本章指出，在發展影響力的技能時，經理人必須經歷四個學習階段：(1)了解技能；(2)磨練技能；(3)取得回饋，利用回饋來修正，以及(4)將修正的技能整合在一起。

- 本章描述了五個重要的里程碑，從初學者，到專家。目的是為了幫助讀者建立自信，並且讓經理人可以準確地評估他們在邁向成為運用影響力大師的路上身處何處。

- 本章最後強調必須有「正確的自利」，配合著擁有影響力的意願及克服面臨的困難之毅力才能成為影響力專家。

- 權力已經過時了，影響力才是主流。

- 運用影響力是新工作時代裡最重要的管理技能。

概念測驗

你是否了解通往精通之路以及如何運用影響力技能？

1. 影響力取代了職權而成為新工作時代的關鍵技能。

2. 你無法經由學習而知道如何影響別人，要嘛你天生就會，不然你就是不會。

3. 沒有任何學習模式可以幫助經理人發展影響力技能。

4. 發展任何一種技能都需耗費時間，而且經理人在成為運用影響力大師的過程中會經過幾個不同的里程碑。

5. 技能是一種行為模式，可以應用在各種不同的情境中。

6. 成為擁有影響力的經理人有四個步驟：了解自己；指出目標對象；診斷系統、以及了解策略和戰術。

7. 要發展影響力技能，你必須樂於改變與控制你的生活。

8. 改變必然有苦與樂。

9. 在新工作時代中，影響力會增強經理人完成任

務的能力。

10.我將進行改變，而且要發展運用影響力的技
能。

答案：1.是、2.否、3.否、4.是、5.是、
6.是、7.是、8.是、9.是、10.是。

個案研究

熟練與升職

當總經理看著生產線製造出新產品時,她露出了微笑。隨著進度超前,新產品為公司帶來了可觀的超額利潤。

她在工作間稍微停留了一會,跟新的品管與客服部經理討論了一下這次零缺點的戰役。羅拉與最大的顧客在過去六個月內的生意往來中,不但保住了訂單,而且數量上也獲得成長。

自從詹姆斯突然離職,以便能花更多時間在航海上,以及羅拉被升職為總經理至今,這段期間內發生了許多事。

每當羅拉回想她在剛擔任行銷部經理時,所犯下的那些可怕的戰術錯誤,便有些膽顫心驚:例如直接告訴詹姆斯她希望取代他;指出她還沒進入公司前,詹姆斯在某項產品推廣策略上的大缺失;直率地告訴詹姆斯某個詹姆斯的門徒該解聘……。

羅拉安慰自己,至少自己已經從這些經驗中學到一些東西,而且也已經在運用影響力方面成為不錯的老手。她笑著回想自己如何靠著簡單地取悅麥克而贏得他對她的研究提案報以難以想像的支持;她如何讓詹姆斯

「擁有」她對新產品的想法；她如何透過非正式網路洩露資訊而順利地解雇勃特……。

她同時也知道尼爾持續對她的表現給予回饋及幫她規劃，使她得到了許多助益。能有現在的成果並不容易，羅拉想到那似乎是永無止境的每週七十小時的工作、經歷的種種挫折、她與尼爾在家庭及社交生活中必須共同承擔的壓力……但這些都是值得的──她現在已經能掌控自己以及掌控自己的生活了。羅拉加快腳步──她在幾分鐘內必須與一位資深經理人進行績效面談。

當羅拉走進會議室時，她看到這位經理合上一本標題是《如何創造影響力》的書，並將它放入公事包內。面談進行的很順利；最後，羅拉問這位經理他五年內的生涯目標是什麼──「噢，我只是個從事研究的人，」他回答：「所以我花了太多時間在數字上而沒時間想到這個問題。」羅拉有些懊悔地笑了笑：如果她在開始踏出運用影響力的第一步時，就曾經讀過這本《如何創造影響力》的話……。

摘要

◎ 認識自己，了解自己。

◎ 認清要影響的對象。

◎ 診斷系統。

◎ 決定策略與戰術。

◎ 實踐。

◎ 回顧與檢討。

◎ 以回顧和回饋來修正想法。

◎ 再次實踐和測試。

實踐方法

1. 重新閱讀本書各章中的摘要，讓自己在概念及行為上都了解影響力的意義。

2. 跟會對你說實話的人討論你的技能。

3. 為你想發展的各類技能安排個人的行動計畫。

4. 持續地記錄以監督你的進展。

5. 從一個比較安全的學習環境中開始實踐——例如與工作無關的目標，然後才進展到更複雜的情況。

6. 誠實地評估自己。

7. 要求其他人評估你的成果。

8. 從經驗中找出學習的重點。

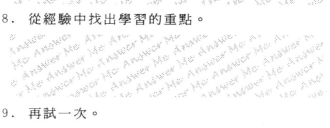

9. 再試一次。

10.重覆上述的循環。

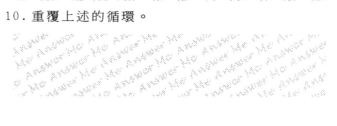

原書註釋

notes

chapter one

1. Mintzberg, H. (1990) "The Manager's Job: Folklore and Fact" in J. Gabarro (ed.) *Managing People and Organizations* (Boston, MA: Harvard Business School Publications, 1992) pp 13–32. Reprinted by permission of Harvard Business Review. Copyright © 1990 by the President and Fellows of Harvard College, all rights reserved.

2. Oncken, W. Jr. & Wass, D.L (1974) "Management Time: Who's Got the Monkey?" in J. Gabarro (ed.), ibid., pp 50–56.

3. Mintzberg, "The Manager's Job: Folklore and Fact," pp 14–18.

4. Mintzberg, ibid., p 30.

5. Mintzberg, H., *Mintzberg on Management: Inside Our Strange World of Organizations* (New York: The Free Press, 1989) pp 48–55.

6. Mintzberg, "The Manager's Job: Folklore and Fact," p 30.

7. Davies, D. "Professional Promiscuity," *The Times Higher Educational Supplement*, 30 April 1993, p 24.

8. Bradley, I.C. *Enlightened Entrepreneurs* (Avon: Bath Press, 1987).

9. Machiavelli, N., *The Prince* (London: Penguin Books, 1970).

10. Pettigrew, A. "Information as a Power Resource," *Sociology*, 6ii, (1972) pp 187–204.

11. Bennett, A. "Going Global: The Chief Executive in the Year 2000 Will be Experienced Abroad," *Wall Street Journal*, 27 Feb. 1989, p 3. Reprinted by permission of *Wall Street Journal* © 1989, Dow Jones & Company, Inc. All rights reserved worldwide.

12. Bessant, J. *Managing Advanced Manufacturing Technology* (Oxford, NCC/Blackwell, 1991), p. 57.

13. Leavitt, H.J. & Whisler, T.L. "Management in the 1980s," *Harvard Business Review*, Nov./Dec. 1958, pp 41–48.

14. Coates, J. in Sanderson, S.R. & Schein, L. "Sizing Up the Down-Sizing Era," *Across the Board: The Conference Board Magazine*, 23, No.11, Nov. 1986, p 15.

15. Green, C. "Middle Managers Are Still Sitting Ducks," *Business Week*, 16 Sept. 1985, p 34.

16. Kanter, R.M. *When Giants Learn To Dance* (London: Unwin Hyman, 1989) p 361. Reprinted with the permission of Simon and Schuster from *When Giants Learn to Dance* by Rosabeth Moss Kanter. Copyright © by Rosabeth Moss Kanter.

17. Ibid., p 152.

18. Ibid., pp 153–154.

19. Harrison, B. & Bluestone, B. *The Great U-turn* (New York: Basic Books, 1988) pp 3–20.

20. Gates, B. *The Road Ahead* (London: Viking, Penguin Books, 1995) p 31.

21. Kanter, *When Giants Learn To Dance*, p 129.

22. Peters, T. & Austen, N. *A Passion For Excellence* (London: Fontana, 1989).

23. Reich, R.B. "Who Is Them?," *Harvard Business Review*, Jan.–Feb. 1990, p 62. Reprinted by permission of Harvard Business Review. Copyright © 1990 by the President and Fellows of Harvard College, all rights reserved.

24. Ibid., p 64.

25. Ibid., p 63.

26. Drucker, P. *The New Realities* (London: Heinemann Professional Publishing, Mandarin Paperback, 1990).

27. Reich, "Who Is Them?," p 63.

28. Ibid., p 65.

29. Bennett, "Going Global: The Chief Executive in the Year 2000 Will be Experienced Abroad," p 1.

30. Ibid., p 4.

31. Ibid., p 5.

32. Department of Education and Employment unpublished estimate: April 1996.

33. Handy, C. *The Empty Raincoat* (London: Hutchinson, 1994) p 73.

34. Stewart, T.A. "GE Keeps Those Ideas Coming," *Fortune*, 12 Aug. 1991, p 24. Reprinted with the permission of Fortune Magazine, © 1991.

35. Kanter, *When Giants Learn To Dance*, p 92.

36. Ibid., p 361.

37. Toffler, A. *Future Shock* (London: Pan, 1970).

38. Miles, R.E. "Adapting to Technology and Competition: A New Industrial Relations System for the 21st Century," *California Management Review*, Winter 1989, pp 9–28.

39. Coulsdon-Thomas, C. & Coe, T. *The Flat Organisation: Philosophy and Practice* (Corby: British Institute of Management, 1991) pp 10–11.

chapter two

1. Pfeffer, J. *Managing With Power: Politics and Influence in Organizations* (Boston, MA: Harvard Business School Press, 1992) pp 83–92. Reprinted by permission of Harvard Business School Press. Copyright © 1992 by the President and Fellows of Harvard College, all rights reserved.
2. Kearns, D. "Lyndon Johnson and the American Dream," *The Atlantic Monthly*, May 1976, p 41.
3. Jennings, R., Cox, C. & Cooper, C.L. *Business Elites: The Pyschology of the Entrepreneurs and Intrapreneurs* (London: Routledge, 1994) p 19. Reprinted with permission of International Thomson Publishing Services.
4. Ibid., p 19.
5. Ibid., p 77.
6. Ibid., p 79.
7. Ibid., p 77.
8. Meyer, H.E. "Shootout at the Johns-Manville Corral," *Fortune*, Oct. 1976, pp 146–154. Reprinted with permission of Fortune Magazine © 1976.
9. Kakabadse, A., Ludlow, R. & Vinnicombe, S. *Working in Organisations* (London: Penguin, 1988) p 216.
10. Stewart, T.A. "GE Keeps Those Ideas Coming," *Fortune*, 12 Aug. 1991, p 24.
11. Chippindale, P. & Horrie, C. *Stick It Up Your Punter: The Rise and Fall of the Sun* (London: William Heinemann Ltd, 1990) pp 328–329. Reprinted by permission of the Peters Fraser and Dunlop Group Ltd and Reed International Books.
12. Pfeffer, *Managing With Power: Politics and Influence in Organizations*, pp 187-188.
13. Cialdini, R.B. *Influence: Science and Practice* (Glenview, IL: Scott, Foresman and Company, 1985) pp 12–13. Reprinted by permission of Addison-Wesley Educational Publishers Inc..
14. Ibid., p 12.
15. Ibid., pp 13–14.

16. Pfeffer, *Managing With Power: Politics and Influence in Organizations*, pp 191-192.
17. Cialdini, *Influence: Science and Practice*, p 52.
18. Ibid., p 52.
19. Gardner, J.W. *On Leadership* (New York: Free Press, 1990).
20. Salancik, G.R. "Commitment and Control of Organizational Behavior and Belief," *New Directions in Organizational Behavior*, edited by Straw, B.M. & Salancik, G.R. (Chicago: St Clair Press, 1977) pp 1–54.
21. Pfeffer, *Managing With Power: Politics and Influence in Organizations*, pp 194–195.
22. Cialdini, *Influence: Science and Practice*, pp 200–201.
23. Pfeffer, *Managing With Power: Politics and Influence in Organizations*, pp 201–203.
24. Brehm, J.W. *A Theory of Psychological Reactance* (New York: Academic Press, 1966).
25. Cialdini, *Influence: Science and Practice*, p 201.
26. Pfeffer, *Managing With Power: Politics and Influence in Organizations*, p 203.
27. Cialdini, *Influence: Science and Practice*, p 98.
28. Gandossy, R.P. *Bad Business: The OPM Scandal and the Seduction of the Establishment* (New York: Basic Books, 1985) pp 12–13.
29. Pfeffer, *Managing With Power: Politics and Influence in Organizations*, p 208.
30. Berscheid, E. & Hatfield Walster, E. *Interpersonal Attraction* (Reading, MA: Addison-Wesley, 1969).
31. Pfeffer, *Managing With Power: Politics and Influence in Organizations*, p 208.
32. Festinger, L. "A Theory of Social Comparison Processes," *Human Relations*, 7 (1954), pp 117–140.
33. Pfeffer, *Managing With Power: Politics and Influence in Organizations*, pp 212-213.
34. Cialdini, *Influence: Science and Practice*, pp 140–172.
35. Byrne, D. *The Attraction Paradigm* (New York: Academic Press, 1971).
36. Adams, G.R. "Physical Attractiveness Research: Towards a Developmental Social Psychology of Beauty," *Human Development*, 20 (1977), pp 217–239.
37. Ross J. & Ferris, K.R. "Interpersonal Attraction and Organisational

Outcomes: A Field Examination," *Administrative Science Quarterly,* 26 (1981), pp 617–632.

38. Berscheid, E. & Hatfield Walster, E. *Interpersonal Attraction* (Reading, MA: Addison Wesley, 1969).

39. Sherif, M. *et al., Intergroup Conflict and Cooperation: The Robbers' Cave Experiment* (University of Oklahoma Institute of Intergroup Relations, 1961).

40. Manis, M., Cornell, S.D. & Moore, J.C. "Transmission of Attitude-Relevant Information Through a Communication Chain," *Journal Of Personality and Social Psychology,* 30 (1974), pp 81–94.

41. Pfeffer, *Managing With Power: Politics and Influence in Organizations,* p 220.

42. Ibid., p 221.

43. Hochschild, A. *The Managed Heart* (Berkeley: University of California Press, 1983).

44. Rafaeli, A., & Sutton, R.I. "The Expression Of Emotion in Organizational Life," *Research in Organizational Behavior,* edited by Staw, B.M., Vol. 11, Greenwich, CT: JAI Press, 1989) pp 15–16.

45. Tidd, K.L. & Lockard, J.S. "Monetary Significance of the Affiliative Smile," *Bulletin of the Psychonomic Society,* 11 (1978), pp 344–346.

chapter three

1. Simmons, J. "Reeducation of a Company Man," *Business Week,* Oct. 1989, p 78. Reprinted by permission of Business Week.

2. Goffman, E. *The Presentation of Self in Everyday Life* (London: Penguin Books, 1978). Reprinted by permission of Allen Lane The Penguin Press, 1969 and Doubleday, copyright © Erving Goffman, 1959.

3. Ibid., p 25.

4. Ibid., p 26.

5. Ibid., p 27.

6. Thomson, A. *Margaret Thatcher: The Woman Within* (London: W.H. Allen, 1989) p 222. Reprinted by permission of the Sharland Organisation and the author Andrew Thomson.

7. Ibid., pp 222–223.

8. Gardner, W.L. & Martinko, M.J. "Impression Management: An Observational Study Linking Audience Characteristics with Verbal Self-Presentation," *Academy of Management Journal,* 31 (1988), pp 42–65.

9. Tichy, N.M. & Charan, R. "The CEO as Coach: An Interview with Allied Signal's Lawrence A. Bossidy," *Harvard Business Review*, March–April 1995, p 76. Reprinted by permission of Harvard Business Review. Copyright © 1995 by the President and Fellows of Harvard College, all rights reserved.

10. Swann, W.B. & Ely, R.J. "A Battle of Wills: Self-Verification Versus Behavioural Confirmation", *Journal of Personality and Social Psychology*, 46 (1984), pp 1287–1302.

11. Thomson, *Margaret Thatcher: The Woman Within*, p 220.

12. Ibid., p 219.

13. Ibid., p 222.

14. Ibid., p 224.

15. Brown, M. *Richard Branson: The Inside Story* (London: Headline Book Publishing, 1994) pp 213–215. Reprinted by permission of The Peters Fraser & Dunlop Group Ltd.

16. Ibid., pp 213–214.

17. Ibid., pp 290–291, comment on photograph 38.

18. Torbert, W.R. *Managing the Corporate Dream: Restructuring for Long-Term Success* (Homewood, IL: Dow Jones-Irwin, 1987).

19. Harris, T.A. *I'm OK, You're OK* (London: Pan, 1967).

20. Guirdham, M. *Interpersonal Skills At Work* (Hemel Hempstead, Hertfordshire: Prentice Hall, 1990) p 123.

21. Ibid., p 19.

22. Ibid., pp 123–126.

23. Ibid.

24. Goffman, *The Presentation of Self in Everyday Life*, p 25.

25. Ibid., p 15.

26. Ibid., pp 20–21.

27. Ibid., pp 222–230.

28. Brown, *Richard Branson: The Inside Story*, pp 140-141.

29. Goffman, E. *Interaction Ritual: Essays on Face-to-Face Behaviour* (London: Penguin Books, 1972).

30. Stevens, M. *Sudden Death: The Rise and Fall of E.F. Hutton* (New York: Penguin, 1989) pp 82–83. Reprinted by permission of Dominick Abel Literary Agency. Copyright © 1989 Mark Stevens. First published by Dutton Signet.

31. Greenslade, R. *Maxwell's Fall* (London: Simon and Schuster Ltd, 1992) p 33. From "Maxwell: The Rise and Fall of Robert Maxwell and His Empire" by Roy Greenslade. Copyright © 1992 by Roy

Greenslade. Published by arrangement with Carol Publishing Group. A Birch Lane Press Book. Reprinted by permission of Simon and Schuster.

32. Pfeffer, *Managing With Power: Politics and Influence in Organizations*, pp 168–171.

33. Caro, R. *Means of Ascent: The Years of Lyndon Johnson* (New York: Alfred A. Knopf, 1990).

34. Kotter, J.P. *The General Managers* (New York: The Free Press, 1982) p 46.

35. Pfeffer, *Managing With Power: Politics and Influence in Organizations*, p 176.

36. Puzo, M. *The Godfather* (London: Heinemann, 1974).

37. Brown, *Richard Branson: The Inside Story*, pp 229–230.

38. Ibid.

39. Christie, R. & Geis, F.L. *Studies in Machiavellianism* (New York: Academic Press, 1970) p 312. Reprinted by permission of the Academic Press, Inc, and the authors' representative.

40. Pfeffer, *Managing With Power: Politics and Influence in Organizations*, p 170.

41. Barry, J.M. *The Ambition and the Power* (New York: Viking, 1989) p 20. Reprinted by permission of the author and the Sagalyn Agency.

42. Slatter, S. *Corporate Recovery: A Guide to Turnaround Management* (London: Penguin Books, 1987) pp 121, 319.

43. Jennings, R., Cox, C. & Cooper, G.L. *Business Elites: The Psychology of Entrepreneurs and Intrapreneurs* (London: Routledge, 1994) p 37. Reprinted by permission of International Thomson Publishing Services.

44. Smith, D.K. & Alexander, R.C. *Fumbling the Future: How Xerox Invented, Then Ignored, the First Personal Computer* (New York: William Morrow, 1988) p 131. Used by permission of William Morrow & Co. Inc. © 1988 by Robert C. Alexander and Douglas K. Smith.

45. Ibid.

46. Pfeffer, *Managing With Power: Politics and Influence in Organizations*, pp 174-175.

47. Kanter, M.R. *The Change Masters: Corporate Entrepreneurs at Work* (London: Allen & Unwin, 1984).

48. Pfeffer, *Managing With Power: Politics and Influence in Organizations*, pp 182–183.

49. Dobbs, M. *House of Cards* (London: Harper Collins, 1993).
50. Thatcher, M. *Margaret Thatcher, The Downing Street Years* (Harper Collins, 1993) pp 757–758. Reprinted by permission of Harper Collins Publishers Limited.
51. Pfeffer, *Managing With Power: Politics and Influence in Organizations*, pp 166–167.
52. Kotter, *The General Managers*, p 19.
53. Thomson, *Margaret Thatcher: The Woman Within*, p 115.
54. Jennings, Cox, & Cooper, *Business Elites*, pp 106–107.
55. Smith, S.B. *In all his Glory: The Life of William S. Paley* (New York: Simon and Schuster, 1990) p 394. Reprinted with the permission of Simon and Schuster from *In All His Glory: The Life of William S. Paley* by Sally Bedell Smith. Copyright © 1990 by Sally Bedell Smith.
56. Brown, *Richard Branson: The Inside Story*, p 137.

chapter four

1. Gardner, J.W. *On Leadership* (New York: Free Press, 1990) pp 50–51. Copyright © 1990 by John W. Gardner, Inc. Reprinted with the permission of the Free Press, a Division of Simon and Schuster, and Sterling Lord Literistic, Inc.
2. Clancy, P. & Elder, S. *TIP: A Biography of Thomas P. O'Neill, Speaker of the House* (New York: Macmillan, 1980) p 4. Reprinted with the permisson of Simon & Schuster from *TIP: A Biography of Thomas P. O'Neill, Speaker of the House* by Paul R. Clancy and Shirley Elder. Copyright © 1980 by Paul R. Clancy and Shirley Elder.
3. Smith, B.S. *In all his Glory: The Life of William S. Paley* (New York: Simon & Schuster, 1990) p 404. Reprinted with the permission of Simon and Schuster. Copyright © 1990 by Sally Bedell Smith.
4. Ibid.
5. Heller, F.A. & Porter, L.W. "Personal Characteristics Conducive to Job Success in Business", *The Manager*, Jan./Feb. 1966.
6. Fiedler, F.E. "A Contingency Model of Leadership Effectiveness" in Berkowitz, L. (ed.), *Advances in Experiential Social Psychology*, Vol. 1 (New York: Academic Press, 1964) pp 150–191.
7. Bower, T. *Tiny Rowland, A Rebel Tycoon* (London: Manderin, 1994) p 33. Reprinted by the permission of Curtis Brown on behalf of Tom Bower. Copyright © Tom Bower 1994.

8. Ratui, I. "Thinking Internationally: A Comparison of How International Executives Learn," *International Studies of Management and Organisation*, Vol. XIII, No. 1-2 (Spring–Summer 1983), pp 139–150.

9. Jones, E.E. & Nisbett, R.E. *The Actor and the Observer: Divergent Perceptions of the Causes of Behavior* (New York: General Learning Press, 1971).

10. Kelley, Harold H. "The Process of Casual Attribution," *American Psychologist*, (1973) pp 107–128.

11. Kolb, D.A., Rubin, M.I. & McIntyre, J.M. *Organizational Psychology – An Experiential Approach* (Englewood Cliffs, NJ: Prentice Hall, 1971).

12. Bower, *Tiny Rowland, A Rebel Tycoon*, pp 606–607.

13. Ibid., p 607.

14. Ibid., p 608.

15. Burger, P. & Bass, B.M. *Assessment of Managers: An International Comparison* (New York: Free Press, 1979).

16. Warr, P.B. & Knapper, C.K. *The Perception of People and Events* (London: Wiley, 1968).

17. Thatcher, M. *Margaret Thatcher, The Downing Street Years* (London: Harper Collins, 1993) pp 310–311. Reprinted with permission of Harper Collins Publishers Limited.

18. Cohen, A.R. & Bradford, D.L. *Influence without Authority* (New York: John Wiley and Sons, 1990) pp 101–120.

19. Ekman, P. & Friesen, W.V. "Non-Verbal Behavior in Psychotherapy Research" in Schlien, J.M. (ed.), *Research in Psychotherapy*, Washington DC: American Psychological Association, Vol.3 (1968).

20. Argyle, M., Ingham, R., Aikens, F., & McCallin, M. "The Different Functions of Gaze," *Semiotica*, 1 (1973), pp 19–32.

21. Knapp, M.L. *Nonverbal Communication in Human Interaction*, (2nd edn) (New York: Holt, Rhinehart and Winston, 1978) pp 132–133.

22. Exline, R.V. "Visual Interaction: The Glances of Power and Preference," in Cole, J.K. (ed.), *Nebraska Symposium on Motivation*, Vol. 19 (Lincoln: University of Nebraska Press, 1971).

23. Thomson, A., *Margaret Thatcher: The Woman Within* (London: W.H. Allen, 1989) p 48. Reprinted with permission of the Sharland Organisation and the author Andrew Thomson.

24. Major, B. & Heslin, R. *Perceptions of Same-sex and Cross-sex*

Touching: It's Better to Give Than to Receive. Paper presented at meeting of Midwestern Psychological Association, Chicago, May 1978.

25. Thomson, *Margaret Thatcher: The Woman Within*, p 49.
26. Hall, E. (1966) *The Hidden Dimension* and (1959) *The Silent Language* (New York: Doubleday).
27. Brown, *Richard Branson: The Inside Story* (Headline Book Publishing, 1994) p 239. Reprinted by permission of the Peters Fraser & Dunlop Group Ltd.
28. Chippendale, P. & Horrie, C. *Stick It Up Your Punter: the Rise and Fall of the Sun* (London: Heinemann, 1990) pp 89–90. Reprinted by permission of the Peters Fraser & Dunlop Group Ltd and Reed Books.
29. Ibid., p 90.
30. Ibid., p 89.
31. Ibid., p 94.
32. Knapp, *Nonverbal Communication in Human Interaction*, (2nd edn), pp 147–172.
33. Chippendale & Horrie, *Stick it up your Punter*, p 90.
34. Thomson, *Margaret Thatcher: The Woman Within*, pp 223–224.
35. Cohen & Bradford, *Influence without Authority*, pp 105–108.

chapter five

1. Peters, T. "Connectors Help: Don't Fear Them" from his "Peters on Excellence" column, *Union News*, Springfield, MA, 8 Sept. 1992, pp 1, 19.
2. Kotter, J.P. *The General Managers* (New York: Free Press, 1982) p 67.
3. Pace, R.W. *Organizational Communication: Foundations for Human Resource Development* (New York: Prentice Hall, 1983).
4. Deal, T.E. & Kennedy, A.A. *Corporate Cultures: The Rites and Rituals of Corporate Life* (Reading, MA: Addison-Wesley Publishing Company, 1983) p 41. © 1982 by Addison-Wesley Publishing Company, Inc. Reprinted by permission of Addison-Wesley Longman Publishing Company, Inc. and Penguin Books, 1988.
5. Ibid., p 143.
6. Kanter, M.E. *When Giants Learn To Dance* (London: Unwin Hyman, 1989). Reprinted with the permission of Simon and Schuster. Copyright © 1989 by Rosabeth Moss Kanter.

7. Ibid., p 361.
8. Based on General Electric Annual Report, 1989.
9. Pettigrew, A.M. "On Studying Organisational Culture," *Administrative Science Quarterly*, Dec. 1979, pp 570-581.
10. Kakabadse, A., Ludlow, R. & Vinnicombe, S. *Working in Organisations* (London: Penguin, 1985) pp 226–227.
11. Handy, C. *Understanding Organisations* (London: Penguin Books, 1985) pp 186–187. Reprinted by permission of Penguin Books Ltd. Copyright © Charles Handy, 1976, 1981, 1985.
12. Deal & Kennedy, *Corporate Cultures*, p 17.
13. Handy, *Understanding Organisations*, p 188.
14. Deal & Kennedy, *Corporate Cultures*, p 11.
15. Knowlton, C. "How Disney Keeps the Magic Going," *Fortune*, 4 Dec. 1989, pp 111–132.
16. Deal & Kennedy, *Corporate Cultures*, pp 32–33.
17. Ibid., p 193.
18. Harrison, R. "How to Describe Your Organization," *Harvard Business Review*, Sept./Oct. 1972.
19. Chippendale, P. & Horrie, C. *Stick It Up Your Punter: The Rise and Fall of the Sun* (London: William Heinemann, 1990) p 328. Reprinted by permission of the Peters Fraser & Dunlop Group Ltd and Reed Books.
20. Brummer, A. & Cowe, R. *Hanson: The Rise and Rise of Britain's Most Buccaneering Businessman* (London: Fourth Estate, 1994) p 7.
21. Sampson, A. *The Sovereign State of ITT* (Briarcliff Manor, NY: Stein and Day, 1980) pp 95–97.
22. Robins, S.P. *Management* (4th edn) (Englewood Cliffs, NJ: Prentice Hall, 1984) pp 90–91.
23. "Who's Afraid of IBM?" *Business Week*, 29 June 1987, p 72. Reprinted by permission of Business Week.
24. Ibid.
25. Deal & Kennedy, *Corporate Cultures*, pp 129-139.
26. Wright, J.P. *On a Clear Day You Can See General Motors* (Grosse Point, MI: Wright Enterprises, 1979) p 41.
27. Andrews, E.L. "Out of Chaos," *Business Month*, Dec. 1989, p 33. No trace.
28. Deal & Kennedy, *Corporate Cultures*, p 135.
29. Ibid., p 53.
30. Neustadt, R. *Presidential Power* (New York: Wiley, 1960). © 1960.

Reprinted with permission of Allyn and Bacon. All rights reserved.
31. Luthans, F., Hodgetts, R.M. & Rosenkrantz, S.A. *Real Managers* (Cambridge, MA: Ballinger Publishing Company, 1988).
32. Ibid., p 72.
33. Mintzberg, H. (1990) "The Manager's Job: Folklore and Fact" in J. Gabarro (ed.) *Managing People and Organizations* (Boston, MA: Harvard Business School Publications, 1992).
34. Rose, F. *West of Eden: The End of Innocence at Apple Computer* (New York: Viking Penguin, 1989) p 298. Copyright © 1989 by Frank Rose. Used by permission of Viking Penguin, a division of Penguin Books USA Inc., and International Creative Management.
35. Ibid.
36. Kaplan, R.E. "Trade Routes: The Manager's Network of Relationships," *Organizational Dynamics*, Spring 1984, p 41. © 1984. Reprinted by permission of the American Management Association, New York. All rights reserved.
37. Kotter, J. *The General Managers*, p 67.
38. Raelin, J.A. *The Clash of Cultures: Managers Managing Professionals* (Boston, MA: Harvard Business School Press, 1991) p 137.
39. Shea, M. *Influence: How to Make the System Work for You* (London: Century Hutchinson, 1988) p 4.
40. Caro, R.A. *The Path to Power: The Years of Lyndon Johnson* (New York: Alfred A. Knopf, 1982) p 226. Reprinted by permission of Random House, Inc.
41. Savage, C.M. *Fifth Generation Management: Integrating Enterprises through Human Networking* (Oxford, Heinemann, 1996).
42. Critchley, J. *Michael Heseltine* (London: André Deutsch, 1987) pp 36–37. Reprinted by permission of André Deutsch Ltd and Curtis Brown Ltd, London on behalf of Julian Critchley. Copyright © Julian Critchley 1987.
43. Cohen, R.A. & Bradford, D.L. "Influence Without Authority: The Use of Alliances, Reciprocity, and Exchange to Accomplish Work," *Organizational Dynamics*, Winter 1989, pp 5–17.
44. Levinson, H. & Rosenthal, S. *CEO: Corporate Leadership in Action* (New York: Basic Books, 1984) p 68. Reprinted with the permission of Harper Collins Publishers Inc. Copyright © 1985 by Harry Levinson and Stuart Rosenthal.
45. Quickel, S.W. "Welch on Welch, CEO of the Year," *Financial World*, 3 April 1990, pp 62–67.

46. Critchley, J. *Michael Heseltine*, p 37.
47. Deal & Kennedy, *Corporate Cultures*, p 91.
48. Shea, *Influence*, p 52.

chapter six

1. Yukl, G. & Falbe, C.M. "Influence Tactics and Objectives in Upward, Downward, and Lateral Influence Attempts," *Journal of Applied Psychology*, Vol. 75, No. 2 (1990), pp 132–140.
2. Ibid., p 133.
3. Kipnis, D. & Schmidt, S.M. "Intraorganizational Influence Tactics: Explorations in Getting One's Way," *Journal of Applied Psychology*, Vol. 65, No. 4 (1980), p 445.
4. Chippendale, P. & Horrie, C. *Stick It Up Your Punter: The Rise and Fall of the Sun* (London: Heinemann, 1990) p 85. Reprinted by permission of the Peters Fraser and Dunlop Group Ltd and Reed Books.
5. Ibid., pp 89–92.
6. Bernoth, A. "Sugar takes reins to spur fresh revival," *The Sunday Times*, 31 Dec. 1995. © Times Newspapers Limited, 1995.
7. Burrough, B. & Helyar, J. *Barbarians at the Gate: The Rise and Fall of RJR Nabisco* (New York: Harper and Row, 1990) p 24. Reprinted by permission of Harper Collins Publishers. Copyright © 1990 by Bryan Burrough and John Helyar.
8. Yukl & Falbe, "Influence Tactics and Objectives," p 133.
9. Kipnis & Schmidt, "Intraorganizational Influence Tactics," p 446.
10. Kotter, J. *The General Managers* (New York: The Free Press, 1982) p 73.
11. Yukl & Falbe, "Influence Tactics and Objectives," p 133.
12. Gouldner, A. "The Norm of Reciprocity: A Preliminary Statement," *American Sociological Review*, 25 (1960), pp 161–178.
13. Kotter, *The General Managers*, pp 69,72.
14. Burrough & Helyar, *Barbarians at the Gate*, pp 33–37
15. Brummer, A. & Cowe, R. *Hanson: The Rise and Rise of Britain's Most Buccaneering Businessman* (London: Fourth Estate, 1995) pp 5, 6, 180.
16. Yukl & Falbe, "Influence Tactics and Objectives," p 133.
17. Pfeffer, J. *Managing with Power: Politics and Influence in Organizations* (Boston, MA: Harvard Business School Press, 1992) p 83. Reprinted by permission of Harvard Business School Press. Copy-

right © 1992 by the President and Fellows of Harvard College, all rights reserved.

18. Chippendale & Horrie, *Stick It Up Your Punter,* p 94.

19. Hersh, S.M. *The Price of Power: Kissinger in the Nixon White House* (New York: Summit Books, 1983) p 24.

20. Yukl & Falbe, "Influence Tactics and Objectives," p 133.

21. Kipnis & Schmidt, "Intraorganizational Influence Tactics," p 445.

22. Thomson, A *Margaret Thatcher: The Woman Within* (London: W. H. Allen, 1989) p 140. Reprinted by permission of the Sharland Organisation and the author Andrew Thomson.

23. Bower, T. *Tiny Rowland: A Rebel Tycoon* (London: William Heinemann, 1993) p 413. Reprinted by permission of Curtis Brown on behalf of Tom Bower. Copyright © Tom Bower 1994.

24. Ibid., p 74.

25. Ibid., p 77.

26. Rose, F. *West of Eden: The End of Innocence at Apple Computers* (New York: Viking Penguin, 1989) p 276. Copyright © 1989 by Frank Rose. Used by permission of Viking Penguin, a division of Penguin Books USA Inc., and International Creative Management.

27. Ibid.

28. Yukl & Falbe, "Influence Tactics and Objectives," p 133.

29. Kipnis & Schmidt, "Intraorganizational Influence Tactics," p 445.

30. Keys, B. & Case, T. "How to become an Influential Manager," *Academy of Management Executive,* Vol. 4, No. 4 (1990), p 41. Reprinted by permission of Academy of Management.

31. Thomson, A. *Margaret Thatcher: The Woman Within,* p 135.

32. Smith Bedell, S. *In All His Glory: The Life of William S. Paley* (New York: Simon and Schuster, 1990) p 152. Reprinted with permission of Simon & Schuster. Copyright © 1990 by Sally Bedell Smith.

33. Ibid.

34. Yukl & Falbe, "Influence Tactics and Objectives," p 133.

35. John F. Kennedy's Inaugural Address, 20 January 1961.

36. Brown, M. *Richard Branson: The Inside Story* (London: Headline Book Publishing, 1994) pp 213–214. Reprinted by permission of the Peters Fraser & Dunlop Group Ltd.

37. Ibid., p 215.

38. Milene Henley, F. "Good, Better, Best," *Working Women,* Dec. 1987, pp 86–89. Reprinted by permission of Working Women Magazine. Copyright © 1987 by Working Women Magazine.

39. Pfeffer, *Managing with Power: Politics and Influence in Organizations*, p 279.

40. Ibid.

41. Yukl & Falbe, "Influence Tactics and Objectives," p 133.

42. Tichy, N.M. & Charan, R. "The CEO As Coach: An Interview with Allied Signal's Lawrence A. Bossidy," *Harvard Business Review*, March–April 1995, pp 70, 77, 78. Reprinted by permission of Harvard Business Review. Copyright © 1995 by the President and Fellows of Harvard College, all rights reserved.

43. Yukl & Falbe, "Influence Tactics and Objectives," p 134.

44. Ibid.

45. Keys, B. & Case, T. "How to become an Influential Manager," *Academy of Management Executive*, Vol. 4, No. 4 (1990), p 44.

46. Ibid., p 47.

47. Kotter, J.P. *The Leadership Factor* (New York: The Free Press, 1988) p 18. Copyright © 1988 by John P. Kotter, Inc. Reprinted with the permisison of The Free Press, a Division of Simon & Schuster.

48. Yukl & Falbe, "Influence Tactics and Objectives," p 132.

49. Keys & Case, "How to become an Influential Manager," p 46.

50. Stewart, T.A. "GE Keeps Those Ideas Coming," *Fortune*, Aug. 1991, pp 12, 23. Reprinted by permission of Fortune Magazine.

51. Tichy, N.M. & Charan, R., *Harvard Business Review*, Sept.–Oct. 1989.

52. Bartlett, C.A. & Ghoshal, S., "Changing the Role of Top Management Beyond Systems to People," *Harvard Business Review*, Jan.–Feb. 1995, p 140.

53. Ibid.

54. Handy, C. *Understanding Organisations* (London: Penguin, 3rd edn, 1985) pp 138–142. Reproduced by permission of Penguin Books Ltd. Copyright © Charles B. Handy, 1976, 1981, 1985.

55. Stewart, T.A. "GE Keeps Those Ideas Coming," p 23.

56. Handy, *Understanding Organisations*, p 142.

57. Kissinger, H. *The White House Years* (Boston, MA: Little Brown, 1979) p 39.

chapter seven

1. Wansell, G. *Tycoon: The Life of James Goldsmith* (London: Grafton Books, 1987) p 341. Reprinted by permission of Harper Collins Publishers and the author's agent John Johnson.

2. Pfeffer, J., *Managing with Power: Politics and Influence in Organizations* (Boston, MA: Harvard Business School Press, 1992) p 344. Reprinted by permission of Harvard Business School Press. Copyright © 1992 by the President and Fellows of Harvard College, all rights reserved.

3. Johnson, D.W. & Johnson, F.P. *Joining Together: Group Theory and Group Skills* (Englewood Cliffs, NJ: Prentice Hall, 1975).

4. Dreyfus, H.L., Dreyfus, S.E., & Athanasion, T. *Mind over Machine: The Power of Human Intuition and Expertise in the Era of the Computer* (New York: The Free Press, 1986).

5. Rose, F. *West of Eden: The End of Innocence at Apple Computer* (New York: Viking Penguin, 1989) p 78. Copyright © 1989 by Frank Rose. Used by permission of Viking Penguin, a division of Penguin Books USA Inc., and International Creative Management.

6. Ibid.

7. Stewart, T.A. "GE Keeps Those Ideas Coming," *Fortune*, Aug. 1991, pp 12, 23.

8. Thomson, A. *Margaret Thatcher: The Woman Within* (London: W.H. Allen, 1989) p 25. Reprinted by permission of the Sharland Organisation and the author, Andrew Thomson.

9. Handy, C. *The Age of Unreason* (London: Business Books Ltd, 1989) p 181.

10. Kennedy, J.F., Extract from his inaugural address as President of the USA on January 20, 1961.

如何創造影響力 ／ Mary Bragg 原著 ； 黃家齊 譯
-- 初版. -- 臺北市 ：弘智文化, 2000〔民89〕
　　面： 　公分
　　譯自 ： Reinventing Influence ： How to get things
done in a world without authority
　　ISBN 957-0453-21-4 （平裝）
　　1. 組織（管理） 2. 領導論
494.2　　　　　　　　　　　　　　　89019128

如何創造影響力　Reinventing Influence

【原　　著】Mary Bragg

【校 閱 者】連雅慧

【譯　　者】黃家齊

【執行編輯】黃彥儒

【出 版 者】弘智文化事業有限公司

【登 記 證】局版台業字第 6263 號

【地　　址】台北市丹陽街 39 號 1 樓

【 E-Mail 】hurngchi@ms39.hinet.net

【郵政劃撥】19467647　　戶名：馮玉蘭

【電　　話】(02) 23959178．23671757

【傳　　眞】(02) 23959913．23629917

【發 行 人】邱一文

【總 經 銷】旭昇圖書有限公司

【地　　址】台北縣中和市中山路 2 段 352 號 2 樓

【電　　話】(02) 22451480

【傳　　眞】(02) 22451479

【製　　版】信利印製有限公司

【版　　次】2001 年 1 月初版一刷

【定　　價】350 元（平裝）

ISBN　　957-0453-21-4

本書如有破損、缺頁、裝訂錯誤，請寄回更換！（Printed in Taiwan）